土木建筑大类专业系列新形态教材

工程招投标与合同管理

杨建林 ▣ 主　编
夏利梅 ▣ 副主编

U0368603

清华大学出版社
北京

内容简介

本书根据《中华人民共和国招标投标法》《中华人民共和国招标投标法实施条例》《中华人民共和国民法典》《建设工程施工合同(示范文本)》等现行法律法规条文,结合全国造价工程师、全国监理工程师、全国建造师等职业资格考试相关内容,对接实际工程项目在工程招投标与合同管理流程中的岗位职业需求进行编写。

全书分为 7 个模块化项目:工程招投标基础理论;建设工程招标;建设工程投标;建设工程开标、评标和定标;合同法律法规基础理论;建设工程施工合同管理;工程变更与索赔管理。每个模块化项目均引入实际工程项目的背景案例,以典型学习任务的形式展开具体知识点的教学,同时在每个学习任务中穿插典型案例,学习任务结束后均设置了典型训练以实现对知识点的快速巩固。此外,本书每个项目后均附有项目提升训练(多为历年职业资格考试真题),帮助学生实现进阶提升。

本书可作为高等职业院校工程造价、建设工程管理、建设工程监理、建筑工程技术、建筑设计等专业的教材,也可供全过程工程咨询等工程技术管理人员参考使用。

图书在版编目(CIP)数据

工程招投标与合同管理/杨建林主编. — 北京:清华大学出版社,2022.7

土木建筑大类专业系列新形态教材

ISBN 978-7-302-60782-3

Ⅰ. ①工⋯　Ⅱ. ①杨⋯　Ⅲ. ①建筑工程－招标－高等学校－教材　②建筑工程－投标－高等学校－教材　③建筑工程－经济合同－管理－高等学校－教材　Ⅳ. ①TU723

中国版本图书馆 CIP 数据核字(2022)第 090706 号

责任编辑:杜　晓
封面设计:曹　来
责任校对:李　梅
责任印制:丛怀宇

出版发行:清华大学出版社
　　　网　　　址:http://www.tup.com.cn,http://www.wqbook.com
　　　地　　　址:北京清华大学学研大厦 A 座　　　　　　邮　　编:100084
　　　社 总 机:010-83470000　　　　　　　　　　　　　邮　　购:010-62786544
　　　投稿与读者服务:010-62776969,c-service@tup.tsinghua.edu.cn
　　　质量反馈:010-62772015,zhiliang@tup.tsinghua.edu.cn
　　　课件下载:http://www.tup.com.cn,010-83470410
印 装 者:三河市天利华印刷装订有限公司
经　　销:全国新华书店
开　　本:185mm×260mm　　　　印　　张:12.75　　　　字　　数:289 千字
版　　次:2022 年 7 月第 1 版　　　　　　　　　　　印　　次:2022 年 7 月第 1 次印刷
定　　价:49.00 元

产品编号:096729-01

前　言

当前,建设工程领域工程承发包方式、管理方式、建造方式快速发展,招投标市场日益规范,与之相关的行业法律法规和工程合同管理范本不断推陈出新,作为建设工程管理类专业的常用教材,《工程招投标与合同管理》的内容需要不断地调整优化,以满足"三教"改革的要求,适应行业的发展变化。

本书旨在培养学生在全过程工程咨询管理工作中的招投标活动组织、文书编制、协助拟定工程合同以及造价管理的岗位工作能力,为企业培养和输送擅长工程合同价款结算、知法、懂法、用法的工程管理类人才。本书有以下特色。

1. 项目化教学体系

本书以模块化项目为教学体系贯穿始终,全书共设 7 个项目,项目设置由浅入深,理论联系实际,基于实际工作任务和工作过程,整合、序化教学内容,突出项目的理实一体,实现学与练的有效衔接。

2. 以岗位需求为导向

本书以工程建设活动中对招投标与合同管理工作相关的岗位需求为导向,在每个项目下分设若干个典型学习任务,学习任务中设置"典型案例""典型训练",实现"教、学、做"一体化,帮助学生快速对接并掌握岗位技能需求点。

3. 以工程案例为抓手

本书融入了当前工程实践过程中的常见案例,同时选取全国造价工程师、全国监理工程师、全国建造师等职业资格考试真题案例,丰富日常的教学活动,激发学生的学习兴趣,充分体现"教学过程与工作过程对接"的职业教育课程改革要求。

4. 新形态立体化教学资源

本书以二维码形式展现书中学习所需辅助教学内容,包括电子课件、微课视频、训练题答案以及现行法律法规、各类合同示范文本、标准规范等,力求让初学者在学习过程中最大限度地接受新知识,快速、高效地达到学习目的。

本书为江苏城乡建设职业学院工程造价省级高水平专业群立项

建设项目(项目编号:ZJQT21002304),由校企教师团队合作共同编写。本书由江苏城乡建设职业学院杨建林担任主编,江苏城乡建设职业学院夏利梅担任副主编,江苏良筑律师事务所余存冬、江苏城乡建设职业学院周钰参加编写。全书具体编写分工如下:项目1~项目3由杨建林编写;项目4~项目6由夏利梅编写;项目7由余存冬、周钰编写。全书由杨建林负责统稿,江苏苏中建设集团唐小卫进行审定。

本书在编写过程中,参考了大量书籍、文献,在此向相关作者表示感谢。由于编者的水平与经验有限,书中难免有不妥之处,敬请广大读者批评指正。

编　者

2022 年 1 月于常州

目 录

项目 **1** 工程招投标基础理论

项目学习导图

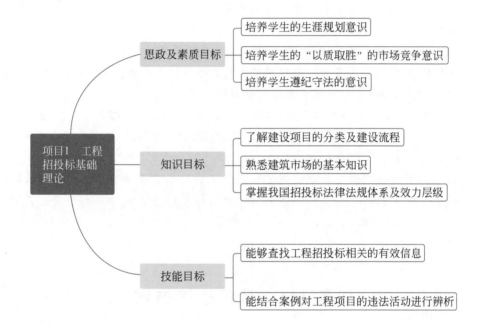

项目1 工程招投标基础理论

- 思政及素质目标
  - 培养学生的生涯规划意识
  - 培养学生的"以质取胜"的市场竞争意识
  - 培养学生遵纪守法的意识
- 知识目标
  - 了解建设项目的分类及建设流程
  - 熟悉建筑市场的基本知识
  - 掌握我国招投标法律法规体系及效力层级
- 技能目标
  - 能够查找工程招投标相关的有效信息
  - 能结合案例对工程项目的违法活动进行辨析

工程项目引例

为什么工程建设中"挂靠"现象频发？

【项目背景】

某医院大楼设计的建筑面积为 19945m²，预计造价为 7400 万元，其中土建工程造价约为 3402 万元，配套设备暂定造价为 3998 万元。2022 年年初，该工程项目进入某建设工程交易中心以总承包方式向社会公开招标。

A 建筑公司得知该项目的情况后，因不具备本项目要求的最低资质要求，立即分别到该省 4 家建筑公司活动，要求"挂靠"这 4 家公司参与投标。这四家公司在未对 A 建筑公司资质和业绩进行审查的情况下就同意其"挂靠"，并分别商定了"合作"条件：一是投标保证金由 A 建筑公司支付；二是一家建筑公司代 A 建筑公司编制标书，由 A 建筑公司支付"劳务费"，其余三家公司的经济标书由 A 建筑公司编制；三是项目中标后全部或部分工程由 A 建筑公司组织施工，"挂靠"单位收取工程造价 3%～5% 的管理费。

2022 年 1 月，A 建筑公司给 4 家公司各汇去 30 万元投标保证金，并支付给其中一家建筑公司 1.5 万元编制标书的"劳务费"。

为承揽到该项目，A 建筑公司还拉拢某建设工程交易中心评标处处长张某和办公室主任李某。A 建筑公司的项目负责人以咨询业务为名，经常请二人吃喝玩乐，并送给二人现金和其他贵重物品。张某和李某积极为 A 建筑公司提供"咨询"服务，不断泄露招投标中的有关保密事项。

思考：（1）A 建筑公司和允许其"挂靠"的 4 家公司违反了《中华人民共和国招标投标法》（以下简称《招标投标法》）中的哪些规定？

（2）建设工程交易中心违反了哪些法律规定？

【评析启示】

（1）A 建筑公司和允许其"挂靠"的 4 家公司违反了以下法律规定。

《招标投标法》第三十二条第一款规定："投标人不得相互串通投标报价，不得排挤其他投标人的公平竞争，损害招标人或者其他投标人的合法权益。"

《中华人民共和国建筑法》（以下简称《建筑法》）第二十六条第二款规定："禁止建筑施工企业以任何形式允许其他单位或者个人使用本企业的资质证书、营业执照，以本企业的名义承揽工程。"

（2）本案中某建设工程交易中心的工作人员张某和李某收受贿赂、徇私舞弊，依法应当受到惩处。《招标投标法》第六十三条规定："对招标投标活动依法负有行政监督职责的国家机关工作人员徇私舞弊、滥用职权或者玩忽职守，构成犯罪的，依法追究刑事责任；不构成犯罪的，依法给予行政处分。"

任务 1.1　认识建筑市场

1.1.1　建筑市场概述

1. 建筑市场的概念

建筑市场有时也称建设市场或建筑工程市场。

建筑市场是指以建筑产品及相关要素进行交换的市场，反映社会生产和社会需求之间、建筑产品可供量和有支付能力的需求之间、建筑产品生产者和消费者之间、国民经济各部门之间的经济关系。对于建筑市场的概念，可以从狭义和广义两方面理解。狭义的建筑市场，是指以建筑产品为交换内容的场所。广义的建筑市场是指工程建设生产和交易关系的总和，包括有形市场和无形市场。具体来说，建筑市场包括与工程建设有关的建筑材料市场、建筑劳务市场、建筑资金市场、建筑技术市场等各种要素市场，为工程建设提供专业服务的中介组织体系，靠广告、通信、中介机构等媒介沟通买卖双方，或通过招投标等多种方式成交的各种交易活动，还包括建筑商品生产过程及流通过程中的经济联系和经济关系。

2. 建筑市场的特征

建筑市场是整个国民经济大市场的有机组成部分，与一般市场相比，建筑市场有许多特征,主要表现在以下几个方面。

1) 建筑市场交易的直接性

在一般工业商品市场中,交换的产品具有间接性、可替换性和可移动性,如空调、洗衣机等,供应者一般预先在工厂进行生产,然后通过批发、零售等环节进入市场。建筑产品则不同,往往是按照客户的具体要求,在指定的地点建造某种特定的建筑物。因此,建筑市场上的交易只能由需求者和供给者直接见面,进行预先订货式的交易,先成交,后生产。

2) 建筑产品的交易过程持续时间长

一般商品的交易基本上是"一手交钱,一手交货",除去建立交易条件的时间外,实际交易过程则较短。建筑产品的交易则不然,由于不是以具有实物形态的建筑产品作为交易对象,无法实行"一手交钱,一手交货"的交易方式,而且,由于建筑产品的周期长,价值巨大,供给者也无法以足够资金投入生产,大多采用分阶段按实施进度付款,待竣工验收后再结清全部款项的方式。因此,双方在确立交易条件时,重要的是关于分期付款与分期交付验收的条件。因此,建筑产品交易的持续过程比较漫长。

3) 建筑市场的风险较大

从建筑产品供给者方面来看,建筑产品的市场风险主要表现在以下 3 个方面。

(1) 定价风险。由于建筑市场中的供应商可替代性很大,故市场的竞争主要表现为价格的竞争,定价过高就招揽不到生产任务;定价过低则导致企业亏损,甚至破产。

(2) 建筑产品是先签约后生产,生产周期长,不确定因素多,如气候、地质、环境的变化,需求者的支付能力,以及国家的宏观经济形势等,都可能对建筑产品的生产产生不利影响。

(3) 建设单位支付能力的风险。建筑产品的价值巨大,其生产过程中的干扰因素可能使生产成本和价格升高,从而超过建设单位的支付能力;或因贷款条件而使需求者筹措资金发生困难,甚至有可能建设单位一开始就不具备足够的支付能力。以上多种因素,都有可能导致建设单位对工程承包商已完成的阶段产品或部分产品拖延支付甚至中断支付的情况。

4) 建筑市场竞争激烈

建筑市场中,工程承包商之间的竞争较为激烈。建设单位相对处于主导地位,承包人基本上是被动地去适应建设单位的要求。由于不同承包商在专业特长、管理经营水平、对工程项目所在地的市场熟悉程度以及投标竞争策略的使用等方面的不同,因而对同一项目的投标报价会有较大的差异,价格竞争表现激烈。

1.1.2　建筑市场的组成

微课:认识建筑
市场体系

建筑市场主体、建筑市场客体共同组成建筑市场。建筑市场主体包括发包人、承包人、中介服务组织等,建筑市场客体是指由建筑市场主体生产的建筑产品。

1. 建筑市场主体

1) 发包人

发包人是指具有工程发包主体资格和支付工程价款能力的当事人以及取得该当事人

资格的合法继承人。它们可以是各级政府、专业部门、政府委托的资产管理部门,可以是学校、医院、工厂、房地产开发公司等企事业单位,也可以是个人。在我国工程建设中,过去一般称为建设单位或甲方,在国际工程承包中通常称作业主。

2）承包人

承包人是指拥有一定生产能力、机械设备、流动资金,被发包人接受的具有工程施工承包主体资格的当事人以及取得该当事人资格的合法继承人。在建筑市场中,承包人按照发包人的要求,提供不同形态的建筑产品,并最终获得对应的工程价款。承包人主要包括勘察单位,设计单位,建筑施工企业,混凝土构配件、预制构件等生产厂家,建筑机械租赁单位,以及建筑劳务企业等。

3）建筑市场中的中介服务组织

中介服务组织是指具有相应的专业服务能力,在建筑市场中受承包人、发包人或政府管理机构的委托,对工程建设进行估算测量、咨询代理、建设监理等服务,并取得服务费用的机构或组织。在市场经济运行中,中介服务组织作为政府、市场、企业之间联系的纽带,具有政府行政管理不可替代的作用。

2. 建筑市场客体

建筑市场的客体是建筑市场中流通交易的对象,包括有形建筑产品和无形建筑产品。在不同的生产交易阶段,建筑产品表现为不同的形态。它们可以是承包人生产建造的各类建筑物和构筑物,生产厂家提供的设备材料,也可以是咨询公司提供的咨询报告或其他服务,勘察和设计单位提供的勘察报告、设计方案、施工图等。

1.1.3　建筑市场管理

1. 企业资质管理

资质管理是指对从事建设工程的单位进行审查,以保证建设工程质量和安全符合我国相关法律法规的规定。

《建筑法》规定,从事建筑活动的建筑施工企业、勘察单位、设计单位和工程监理单位,应当具备下列条件:①有符合国家规定的注册资本;②有与其从事的建筑活动相适应的具有法定执业资格的专业技术人员;③有从事相关建筑活动所应有的技术装备;④法律、行政法规规定的其他条件。

《建设工程质量管理条例》进一步规定,施工单位应当依法取得相应等级的资质证书,并在其资质等级许可的范围内承揽工程。

工程建设活动不同于一般的经济活动,其从业单位所具备条件的高低直接影响建设工程质量和安全生产。因此,从事工程建设活动的单位必须符合相应的资质条件。

目前,我国建筑行业资质管理正处于改革期,2017 年 9 月,国务院印发《关于取消一批行政许可事项的决定》,取消了工程咨询单位资格认定行政许可事项,放开工程咨询市场准入。这是工程咨询行业的重大改革,对加快工程咨询行业发展具有重要意义。这项改革适应了工程咨询市场化快速发展的需要,有利于进一步激发工程咨询单位及市场活力,更好地为经济社会发展服务。取消审批后,国家发展改革委通过以下措施加强事中事后监管:

①制定发布工程咨询标准规范,加强政策引导;②强化监管,对违法行为加大处罚力度;③通过国家企业信用信息公示系统、"信用中国"网站强化信用约束,向社会公示行政处罚等信息;④实施列入"黑名单"等惩戒措施;⑤创造条件,发挥行业协会的自律作用。

2020年11月30日,住房和城乡建设部印发《建设工程企业资质管理制度改革方案》,按照国务院深化"放管服"改革部署要求,持续优化营商环境,大力精简企业资质类别,归并等级设置,简化资质标准,优化审批方式,进一步放宽建筑市场准入限制,降低制度性交易成本,破除制约企业发展的不合理束缚,持续激发市场主体活力,加快推动建筑业转型升级,实现高质量发展。

2021年6月,住房和城乡建设部印发《住房和城乡建设部办公厅关于取消工程造价咨询企业资质审批加强事中事后监管的通知》,通知中指出,为持续深入推进"放管服"改革,从以下6个方面展开工作:①取消工程造价咨询企业资质审批;②健全企业信息管理制度;③推进信用体系建设;④构建协同监管新格局;⑤提升工程造价咨询服务能力;⑥加强事中事后监管。

目前,建筑市场企业资质管理主要包括以下3方面。

1)工程勘察、设计资质管理

工程勘察资质分为2个类别:综合资质、专业资质。将原先4类专业资质及劳务资质整合为岩土工程、工程测量、勘探测试3类专业资质。综合资质不分等级,专业资质等级压减为甲、乙两级,取消丙级资质。

工程设计资质分为4个类别:综合资质、行业资质、专业和事务所资质。将原先21类行业资质整合为14类行业资质;将151类专业资质、8类专项资质、3类事务所资质整合为70类专业和事务所资质。综合资质、事务所资质不分等级;行业资质、专业资质等级原则上压减为甲、乙两级(部分资质只设甲级)。

2)施工企业资质管理

施工企业资质分为4个类别:综合资质、施工总承包资质、专业承包资质和专业作业资质。将10类施工总承包企业特级资质调整为施工综合资质,可承担各行业、各等级施工总承包业务;保留12类施工总承包资质,将民航工程的专业承包资质整合为施工总承包资质;将36类专业承包资质整合为18类;将施工劳务企业资质改为专业作业资质,由审批制改为备案制。综合资质和专业作业资质不分等级;施工总承包资质、专业承包资质等级原则上压减为甲、乙两级(部分专业承包资质不分等级),其中,施工总承包甲级资质在本行业内承揽业务规模不受限制。

3)工程咨询单位资质管理

目前实施资质管理的工程咨询单位是工程监理单位。工程监理资质分为综合资质和专业资质。取消专业资质中的水利水电工程、公路工程、港口与航道工程、农林工程资质,保留其余10类专业资质;取消事务所资质。综合资质不分等级,专业资质等级压减为甲、乙两级。

2. 从业人员资质管理

我国对人才评价的两项基本制度是职称评审制度和职业资格制度。职称评审制度主要通过评审和考核认定的方式进行评价,覆盖人群是专业技术人才。职业资格制度主要通过统一考试、鉴定等方式评价,对象包括专业技术人才和技能人才。

职称是专业技术人员(管理人员)的一种任职资格,它不是职务,是从事专业技术和管理岗位的人员达到一定专业年限、取得一定工作业绩后,经过考评授予的资格。对资质企业来说,职称是企业开业、资质等级评定、资质升级、资质年审的必需条件。专业技术职称一般分为初级、中级、高级 3 个级别,相对应于工程技术职称,分别称为助理工程师、工程师、高级工程师。

为推进职业资格制度改革,进一步减少和规范职业资格许可与认定事项,国家建立了职业资格目录清单,清单之外一律不得许可和认定职业资格。2017 年,人力资源社会保障部印发《关于公布国家职业资格目录的通知》,公布了 140 项国家职业资格目录。其中,专业技术人员职业资格 59 项,含准入类 36 项、水平评价类 23 项。与建设工程领域相关的职业资格有注册消防工程师、注册建筑师、监理工程师、造价工程师、建造师、勘察设计注册工程师等。

1.1.4　建筑市场交易地点

1. 公共资源交易中心

公共资源交易中心是负责公共资源交易和提供咨询服务的机构,是公共资源统一进场交易的服务平台。一般情况下,公共资源交易中心将工程建设招投标、土地和矿业权交易、企业国有产权交易、政府采购、公立医院药品和医疗用品采购、司法机关罚没物品拍卖、国有文艺品拍卖等所有公共资源交易项目纳入中心集中交易。

我国的公共资源交易中心按照 3 大功能进行构建。

(1) 信息服务功能。信息服务功能主要包括收集、储存和发布各类工程信息、法律法规、造价信息、建材价格、承包人信息、咨询单位和专业人士信息等。在设备上配备有大型电子屏幕、计算机网络工作站,为发承包交易提供广泛的信息服务。

(2) 场所服务功能。对于政府部门、国有企业、事业单位的投资项目,一般情况下都必须进行公开招标,只有特殊情况下才允许采用邀请招标。所有建设项目进行招投标必须在有形建设市场内进行,必须由有关管理部门监督。按照这个要求,公共资源交易中心应具备信息发布大厅、洽谈室、开标室、会议室及相关配套服务设施,满足工程发承包交易双方的招标、投标、评标、定标、合同谈判等交易活动需要。同时,公共资源交易中心要为政府有关管理部门进驻集中办公、办理有关手续和依法监督招投标活动提供服务场所。

(3) 集中办公功能。由于众多建设项目要进入有形建筑市场进行报建、招投标交易和办理有关批准手续,这样就要求政府有关建设管理部门进驻建设工程交易中心集中办理有关审批手续和进行管理。受理申报的内容一般包括工程报建、招标登记、承包商资质审查、合同登记、质量报监、施工许可证发放等。进驻建设工程交易中心的相关管理部门集中办公,公布各自的办事制度和程序,既能按照各自的职责依法对建设工程交易活动实施有力监督,也方便当事人办事,有利于提高办公效率,一般要求实行"窗口化"的服务。

为了保证公共资源交易中心能够有良好的运行秩序和市场功能的发挥,必须坚持以下5 项市场运行的基本原则。

(1) 信息公开原则。公共资源交易中心必须充分掌握政策法规、工程发承包商和咨询单位的资质、招标规则、评标标准、专家评委库等各项信息,并保证市场各方主体都能及时获得需要的信息资料。

(2) 依法管理原则。公共资源交易中心应严格按照法律、法规开展工作,尊重建设单位依照法律规定选择投标单位和选定中标单位的权利,尊重符合资质条件的建筑业企业提出的投标要求和接到邀请参加投标的权利。任何单位和个人不得非法干预交易活动的正常进行。监察机关应进驻公共资源交易中心,对工程交易活动实施监督。

(3) 公平竞争原则。建立公平竞争的市场秩序是公共资源交易中心的一项重要原则。进驻的有关行政监督管理部门应严格监督招投标单位行为,防止行业、部门垄断和不正当竞争,不得侵犯交易活动各方的合法权益。

(4) 属地进入原则。依照我国有形建筑市场的管理规定,公共资源交易实行属地进入原则。每个城市原则上只能设立一个公共资源交易中心,特大城市可以根据需要设立区域性分中心,在业务上受公共资源交易中心的领导。

(5) 办事公正原则。公共资源交易中心是政府建设行政主管部门批准建立的服务性机构,必须配合进场的各行政管理部门做好相应的工程交易活动管理和服务工作。要建立监督制约机制,公开办事规则和程序,制定完善的规章制度和工作人员守则,发现公共资源交易活动中的违法违规行为,应当向政府有关部门报告,并协助处理。

2. 电子招标投标交易平台

电子招标投标是以数据电文形式完成的招标投标活动。通俗地说,就是部分或者全部抛弃纸质文件,借助计算机和网络完成招标投标活动。

我国对招标投标有专门的定义,招标投标活动受《招标投标法》及其《中华人民共和国招标投标法实施条例》(以下简称《招标投标法实施条例》)的约束。针对电子招投标,国家发展改革委、工业和信息化部、监察部、住房和城乡建设部、交通运输部、铁道部、水利部、商务部联合制定了《电子招标投标办法》及其附件《招标投标系统技术规范》,于2013年5月1日正式施行。

根据《电子招标投标办法》规定,"电子招标投标系统根据功能的不同,分为电子交易平台、公共服务平台和行政监督平台"。电子交易平台是以数据电文形式完成招标投标交易活动的信息平台。公共服务平台是满足交易平台之间信息交换、资源共享需要,并为市场主体、行政监督部门和社会公众提供信息服务的信息平台。行政监督平台是行政监督部门和监察机关在线监督电子招标投标活动的信息平台。三大平台各自独立又互为支撑。其中,中国招标投标公共服务平台作为三大平台的根本平台,是电子招标投标系统网络全流程信息、技术和专业数据聚合共享的公共服务枢纽,是公共信息的载体,是身份互认的桥梁和行政监督的依托,并为地方公共服务平台建设提供技术和信息服务支持。

电子招投标系统提供了电子标书、数字证书加解密、计算机辅助开标和评标等技术,全面实现了资格标、技术标和商务标的电子化及计算机辅助评标,支持电子签到、流标处理和中标锁定,支持电子评标报告和招投标数字档案生成,极大地提高了招投标的效率,降低了招投标的成本。

电子招投标系统目前可支持的类型包括工程、货物、设计、采购、监理等服务类的招标投标。

电子招投标系统建设的主要内容包括：

（1）引入数字证书，解决投标人网上身份认证问题，并解决电子文件的法律有效性问题（参见《中华人民共和国电子签名法》）；

（2）建立统一登录门户，兼容数字证书用户和普通账号用户；

（3）建立物资供应商预登记系统，加强物资供应商入围管理；

（4）引入电子签章，使之符合传统工作习惯，并可直观感受；

（5）引入电子标书，实现电子化招投标；

（6）引入电子标书加解密技术，解决电子投标文件安全性问题；

（7）建立协同工作平台，实现业务自动流转，辅助个人办公管理；

（8）建立计算机辅助开标系统，加快开标效率；

（9）建立计算机辅助评标系统，减轻评标负担，解决评标难题；

（10）建立招投标数字档案系统，实现招投标文件自动归档；

（11）统一信息标准，实现业务数据自动统计；

（12）建立领导查询系统，为领导提供自助查询统计服务；

（13）建立短信服务平台，保障重要通知及时送达；

（14）建立安全保障系统，解决网上招投标安全性问题。

1.1.5　典型案例

【案例背景】

A 建筑公司欲取得某市一大型工程施工项目，在资质不达标的情况下，与具有相应资质的 B 建筑公司商定，挂靠在 B 建筑公司名下，向 B 建筑公司缴纳一定的管理费，借用 B 建筑公司的资质证书参加竞标。由于 A 建筑公司的出价最低，所以获得了该工程的施工权。建设单位在招标投标活动中，已经知悉了 A 建筑公司的挂靠行为，但未表示异议。工程完工后，因施工质量问题造成质量事故，造成建设单位巨大损失，建设单位将 B 建筑公司诉至法院。

问题：请问本案该如何处理？

【案例解析】

由 A 建筑公司和 B 建筑公司承担连带责任。根据《建筑法》第二十六条规定："承包建筑工程的单位应当持有依法取得的资质证书，并在其资质等级许可的业务范围内承揽工程。禁止建筑施工企业超越本企业资质等级许可的业务范围或者以任何形式用其他建筑施工企业的名义承揽工程。禁止建筑施工企业以任何形式允许其他单位或者个人使用本企业的资质证书、营业执照，以本企业的名义承揽工程。"

不具有相应资质条件的企业借用具有资质条件的企业名义与建设单位签订的建设工程施工合同无效。因此造成的质量缺陷和其他损失，由挂靠公司与被挂靠公司承担连带责任。建设单位明知或应当知道对方不具备相应资质条件的，由三方按照过错大小承担责任。

1.1.6　典型训练

扫描下方二维码,完成典型训练。

任务 1.2　认识建设项目

1.2.1　建设项目组成

建设项目通常是指在场地上按照设计意图进行建设施工的各个项目
之和。为了便于工程量的计算和计价,需对建设项目进行必要的分解。
建设项目按照由粗到细分解为单项工程、单位工程、分部工程、分项工程。

微课:建设项目
的组成

1. 单项工程

单项工程是建设项目的组成部分,是指具有独立的设计文件、在竣工后可以独立发挥
效益或生产能力的建筑工程等。在民用建筑项目中,学校里的教学楼、图书馆、学生宿舍
楼、实训工厂楼、食堂等均为单项工程;在工业建筑项目中,企业的生产车间、办公楼、员工
宿舍及其他辅助生产用房等也是单项工程。

2. 单位工程

单位工程是单项工程的组成部分,是指不能独立发挥生产能力,但具有独立设计的施
工图纸和施工组织的工程。例如一个车间的土建工程是一个单位工程,而安装工程则是另
一个单位工程。单位工程是招标划分标段的最小单位。

3. 分部工程

分部工程是单位工程的组成部分,是按结构部位、路段长度及施工特点或施工任务将
单位工程划分为若干分部的工程。在土建工程中,分部工程按建筑工程的主要部位划分,
包括基础工程、主体工程、装饰装修工程、屋面及防水工程等;而在安装工程中,分部工程按
工程的种类划分,包括建筑给水、排水及供暖工程、建筑电气工程、通风与空调工程、电梯工
程、智能建筑工程、建筑节能工程等。

4. 分项工程

分项工程是分部工程的组成部分,按不同施工方法、材料、工序及路段长度等将分部工
程划分为若干个分项工程。分项工程是能通过较简单的施工过程生产出来的、可以用适当
的计量单位计算并便于测定或计算其消耗的工程基本构成要素。土建工程的分项工程按
照主要工种划分,如土方工程、钢筋工程、模板工程、混凝土工程、砌体工程等;安装工程的

分项工程按用途或输送不同介质、物料以及设备组别划分,如给水工程中的铸铁管、钢管等。分项工程是施工图预算中最基本的计算单位。

1.2.2 项目建设程序

项目建设程序是指建设项目从策划决策、勘察设计、开工准备、施工、生产准备到竣工验收和考核总结的全过程中,各项工作必须遵循的先后次序。项目建设程序是人们在认识客观规律的基础上制定出来的,不能任意颠倒,但是可以合理交叉。

1. 策划决策阶段

策划决策阶段,又称建设前期工作阶段,主要包括编报项目建议书和编报可行性研究报告两项工作内容。

1) 编报项目建议书

对于政府投资工程项目,编报项目建议书是项目建设最初阶段的工作,其主要目的是推荐建设项目,以便在一个确定的地区或部门内,以自然资源和市场预测为基础,选择建设项目。

2) 编报可行性研究报告

可行性研究是在项目建议书被批准后,对项目在技术上和经济上是否可行所进行的科学分析和论证。根据《国务院关于投资体制改革的决定》,对于政府投资项目,须审批项目建议书和可行性研究报告;对于企业不使用政府资金投资建设的项目,一律不再实行审批制,区别不同情况实行核准制和登记备案制。

2. 勘察设计阶段

勘察设计阶段一般划分为两个阶段,即初步设计阶段和施工图设计阶段,对于大型复杂项目,可根据不同行业的特点和需要,在初步设计之后增加技术设计阶段。

初步设计是设计的第一步,根据批准的可行性研究报告和必要而准确的设计基础资料,对设计对象进行通盘研究,阐明在指定的地点、时间和投资控制金额内,拟建工程在技术上的可行性和经济上的合理性。通过对设计对象作出的基本技术规定,编制项目的总概算。初步设计是申请建设项目投资年度计划和跨年度计划的依据。初步设计文件包括设计说明书、各专业设计图纸、主要设备和材料表、工程概算书。为了进一步认证项目在技术和经济上的可行性与合理性,有些大的项目有时还会扩大初步设计。

施工图设计是在初步设计的基础上,把满足工程施工的各项具体要求反映在图纸中,做到整套图纸齐全统一、准确无误。施工图设计完成后编制施工图预算。

3. 开工准备阶段

开工准备主要工作内容包括:

(1) 征地、拆迁地平整;

(2) 完成施工用水、电、路、通信等工程;

(3) 通过设备、材料公开招标投标订货;

(4) 图纸交底;

(5) 通过公开招标投标,择优选定施工单位和工程监理单位;

(6) 取得施工许可证或批准的开工报告。

4. 施工阶段

建设工程具备了开工条件并取得施工许可证后方可开工。施工企业必须严格按照批准的设计文件、施工合同和国家现行的施工及验收规范进行工程建设项目施工。施工中若需变更设计,应按有关规定和程序进行,不得擅自变更。

5. 生产准备阶段

对于生产性建设项目,在其竣工投产前,建设单位应适时地组织专门班子或机构,有计划地做好生产准备工作,包括:招收、培训生产人员;组织有关人员参加设备安装、调试、工程验收;落实原材料供应;组建生产管理机构,健全生产规章制度等。生产准备是由建设阶段转入生产经营阶段的一项重要工作。

6. 竣工验收阶段

竣工验收是全面考核建设工作,检查是否符合设计要求和工程质量的重要环节,对促进建设项目及时投产,发挥投资效益,总结建设经验有重要作用。凡新建、扩建、改建的基本建设项目和技术改造项目,按批准的设计文件所规定的内容建成,符合验收标准的,必须及时组织验收,办理竣工验收备案,编好竣工决算和固定资产移交手续。

7. 考核总结阶段

为了总结项目建设成功和失败的经验教训,供以后项目决策借鉴,近年来,国家规定一些重大建设项目在竣工验收后要进行后评价工作,并正式列为基本建设的程序之一。政府投资项目后评价是指项目竣工验收之后采用科学的经济技术分析方法对项目前期准备、实施过程、运营情况及其影响效果进行全面分析评价,提出项目后评价报告的过程。

1.2.3 典型训练

扫描下方二维码,完成典型训练。

任务 1.3 认识工程招投标法律体系

1.3.1 招投标相关法律体系组成

微课:认识工程
招投标相关法律
法规体系

我国法律体系的基本框架由宪法及宪法相关法、民法、商法、行政法、经济法、社会法、刑法、诉讼与非诉讼程序法等构成。

我国法的形式是制定法形式,具体分为7类:①宪法;②法律;③行政法规;④地方性法规、自治条例和单行条例;⑤部门规章;⑥地方政府规章;⑦国际条约。

　　20 世纪 80 年代初,我国建筑领域引入招标投标制度,国务院及其有关部门陆续发布了一系列招投标方面的规定。一些地方人民政府及其有关部门也结合本地特点和需要,相继开始工程招投标试点,并制定了招投标方面的地方性法规、规章和规范性文件,逐步形成了覆盖全国各领域、各层级的招投标法律体系。

　　招投标法律体系,是指全部现行的与招投标活动有关的法律法规和政策组成的有机联系的整体,按照法律规范的渊源可划分为以下 4 个方面。

　　1. 法律

　　法律是由全国人民代表大会及常务委员会所制定的以国家主席令的形式颁布执行的规范体系,具有国家强制力和普遍约束力,一般以法、决议、决定、条例、办法、规定等为名称。如《招标投标法》、《中华人民共和国政府采购法》(以下简称《政府采购法》)等。

　　2. 法规

　　(1) 行政法规是国务院制定的由总理签署国务院令的形式发布,一般以条例、规定、办法、实施细则等为名称,如《招标投标法实施条例》《中华人民共和国政府采购实施条例》等。

　　(2) 地方性法规是由省、自治区、直辖市及较大的市(省、自治区政府所在地的市,经济特区所在地的市,经国务院批准的较大的市)的人民代表大会及其常务委员会制定颁布,在本地区具有法律效力,通常以地方人大公告的方式公布,一般以条例、实施办法等为名称,如《北京市招标投标条例》。

　　3. 规章

　　(1) 国务院部门规章是指国务院所属的部、委、局和具有行政管理职责的直属机构制定,通常以部委令的形式公布。一般以办法、规定等为名称。如国家发改委发布的《必须招标的工程项目规定》,财政部公布的《政府采购非招标采购方式管理办法》等。

　　(2) 地方政府规章是由省、自治区、直辖市、省政府所在地的市、经国务院批准的主要城市制定,通常是以地方人民政府令的形式颁布,一般以规定、办法等为名称。如《北京市建设工程招标投标监督管理规定》(北京市人民政府令第 122 号)。

　　4. 行政规范性文件

　　行政性规范性文件是指行政公署、省辖市人民政府,县(市、区)人民政府,以及各级政府所属部门根据法律、法规、规章的授权和上级政府的决定、命令,依照法定权限和程序制定的、以规范形式表述,在一定时间内相对稳定,并在本地区、本部门普遍适用的各种决定、办法、规定、规则、实施细则的总称。

1.3.2　招投标相关法律体系的效力层级

　　招投标方面的法律法规很多,在执行有关规定时应注意效力层级。

　　1. 纵向效力层级

　　在我国法律体系中,宪法具有最高的法律效力,之后依次是法律、行政法规、部颁规章与地方性法规、地方政府规章、行政规范性文件。在招投标法律体系中,《招标投标法》是招投标领域的基本法律,其他有关行政法规、国务院决定、各部委规章及地方性法规和规章都不得同《招标投标法》相抵触。使用政府财政性资金的采购活动采用招标方式的,不仅要遵守《招标投标法》规定的基本原则和程序,还要遵守《政府采购法》及其有关规定。政府采购工程进行招投标的,适用《招标投标法》。国务院各部委制定的部门规章之间具有同等法律效力,在各自权限范围内施行。省、自治区、直辖市的人大及其常委会制定的地方性法规的效力层级高于当地政府制定的规章。

2. 横向效力层级

在《中华人民共和国立法法》(以下简称《立法法》)中规定:"同一机关制定的法律、行政法规、地方性法规、规章,特别规定与一般规定不一致的,适用特别规定。"如《中华人民共和国民法典》(以下简称《民法典》)中对合同的订立及签订等方面作出了一些规定,而《招标投标法》中对招投标的程序及签订合同等方面也作出了一些规定。《民法典》和《招标投标法》为一般法和特别法的关系,所以在招投标活动中,应当遵从《民法典》的基本规定,但《招标投标法》有特别规定的,应遵从其规定。

3. 时间序列效力层级

从时间序列来看,同一机关制定的法律、行政法规、地方性法规、规章,新的规定与旧的规定不一致的,适用新的规定,也就是"新法优于旧法"的原则,在招标投标活动中应执行新的规定。

4. 特殊情况处理原则

我国法律体系原则上是统一、协调的,但由于立法机关比较多,如果立法部门之间缺乏必要的沟通与协调,难免会出现一些规定不一致的情况。在招投标活动中遇到此类特殊情况时,依据《立法法》的有关规定,应当按照以下4项原则处理。

(1) 法律之间对同一事项的新的一般规定与旧的特别规定不一致,不能确定如何适用时,由全国人大常委会裁决。

(2) 地方性法规、规章对新的一般规定与旧的特别规定不一致时,由制定机构裁决。

(3) 地方性法规与部门规章之间对同一事项规定不一致,不能确定如何适用时,由国务院提出意见。国务院认为应当适用地方性法规的,应当决定在该地方适用地方性法规的规定;认为应当适用部门规章的,应当提请全国人大常委会裁决。

(4) 部门规章之间、部门规章与地方政府规章之间对同一事项的规定不一致时,由国务院裁决。

我国招投标法律体系主要包括工程、货物、服务三大类的招投标的规定。必须招标制度不仅限于工程建设的勘察、设计、施工、监理、重要设备和材料采购等领域,同时在政府采购、机电设备进口,以及医疗器械药品采购、科研项目服务采购、国有土地使用权出让等方面也广泛适用。

1.3.3 《招标投标法》的立法目的及适用范围

《招标投标法》是一部标志着我国社会主义市场经济法律体系进一步完善的法律,是招投标领域的基本法律。

《招标投标法》共六章、六十八条。第一章总则,主要规定了立法目的、适用范围、调整对象、必须招标的范围、招标投标活动必须遵循的基本原则等;第二章招标,主要规定了招标人定义、招标方式、招标代理机构资格认定和招标代理权限范围及招标文件编制的要求等;第三章投标,主要规定了投标主体资格、编制投标文件要求、联合体投标等;第四章开标、评标和中标,主要规定了开标、评标和中标各个环节具体规则和时限要求等内容;第五章法律责任,主要规定了违反招标投标活动中具体规定时各方应承担的法律责任;第六章附则,规定了《招标投标法》的例外情形及施行日期。

1. 立法目的

《招标投标法》第一条规定:"为了规范招标投标活动,保护国家利益、社会公共利益和招标投标活动当事人的合法权益,提高经济效益,保证项目质量,制定本法。"由此,可以看出《招标投标法》的立法目的有以下 6 项。

1) 规范招投标活动

招投标是在市场经济条件下进行大宗货物的买卖、工程建设项目的发包与承包以及服务项目的采购与提供时采用的一种交易方式。采用招投标方式进行交易活动是将竞争机制引入交易过程。但在这一制度推行过程中,也出现一些突出的问题,如:按规定应当招标而不进行招标;在确定供应商、承包商的过程中采用"暗箱操作",直接指定供应商、承包商;招投标程序不规范,违反公开、公平、公正的原则;招标人与投标人进行权钱交易,行贿受贿,搞虚假招标;投标人串通投标,进行不公平竞争;有的还利用行政权力强行指定中标人等。因此,以法律的形式规范招投标活动,正是制定《招标投标法》的基本目的。

2) 保护国家利益

通过《招标投标法》必须招标范围的规定,保障了财政资金和其他国有资金的节约和合理有效使用。通过依法进行招投标,按照公开、公平、公正的原则,对于节约和合理使用国有建设资金具有重要意义,同时,有利于反腐倡廉,防止国有资产的流失。

3) 保护社会公共利益

社会公共利益是全体社会成员的共同利益。制定《招标投标法》,对保护社会公共利益的作用主要体现在:①国有资金来自人民群众创造的财富,来自纳税人的贡献。保障国有资金的合理使用,不仅是保护国家利益的需要,也是全社会成员的共同要求。通过制定《招标投标法》,以保障国有资金和其他公共资金的合理、有效和节约使用,杜绝腐败,防止国有资产的流失。②按照《招标投标法》第三条的规定,将大型基础设施、公用事业等关系社会公共利益、公众安全的建设项目,不论其资金来源,都纳入《招标投标法》的范围,以充分运用招标投标制度的竞争作用,确保这类与公众利益直接有关的建设项目的质量。

4) 保护招投标活动当事人的合法权益

《招标投标法》对招标投标各方当事人应当享有的基本权利作出了规定。例如,《招标投标法》中规定,依法进行的招标投标活动不受地区或者部门的限制,任何单位和个人不得以任何方式非法干涉招标投标活动等。

5) 提高经济效益

对国家投资、融资建设的生产经营性项目实行招投标制度,有利于节省投资、缩短工期、保证质量,从而有利于提高投资效益及项目建成后的经济效益。

　　6)提高项目质量

　　依照法定的招投标程序,通过竞争,选择技术强、信誉好、质量保障体系可靠的投标人中标,对于保证采购项目的质量是十分重要的。

　　2. 适用范围

　　1)地域范围

　　《招标投标法》第二条规定:"在中华人民共和国境内进行招标投标活动,适用本法。"即《招标投标法》适用于在我国境内进行的各类招投标活动,这是《招标投标法》的空间效力。"我国境内"包括我国全部领域范围,但依据《中华人民共和国香港特别行政区基本法》和《中华人民共和国澳门特别行政区基本法》的规定,不包括实行"一国两制"的香港、澳门地区。

　　2)主体范围

　　《招标投标法》的适用主体范围很广泛,只要在我国境内进行的招标投标活动,无论是哪类主体都要执行《招标投标法》。具体包括两类主体:第一类是国内各类主体,既包括各级权力机关、行政机关和司法机关及其所属机构等国家机关,也包括国有企事业单位、外商投资企业、私营企业及其他各类经济组织,同时还包括允许个人参与招标投标活动的公民个人;第二类是在我国境内的各类外国主体,即指在我国境内参与招标投标活动的外国企业,或者外国企业在我国境内设立的能够独立承担民事责任的分支机构等。

　　3)例外情形

　　按照《招标投标法》第六十七条规定,使用国际组织或者外国政府贷款、援助资金的项目进行招标,贷款方、资金提供方对招标投标的具体条件和程序有不同规定的,可以适用其规定,但违背中华人民共和国的社会公共利益的除外。

1.3.4　典型训练

　　扫描下方二维码,完成典型训练。

学习笔记

项目提升训练

一、单选题

1. 根据《立法法》,住房和城乡建设部可以在本部门的权限范围内制定(　　)。
   　A. 行政法规　　　　　　B. 命令　　　　　　C. 决定　　　　　　D. 规章

2. 《安全生产许可证条例》的直接上位法是(　　)。
   　A. 安全生产法　　　　　　　　　　　　B. 宪法
   　C. 建筑法　　　　　　　　　　　　　　D. 建设工程安全生产管理条例

3. (　　)是具有最高法律效力的根本大法。
   　A. 宪法　　　　　　　B. 法律　　　　　　C. 行政法规　　　　　D. 部门规章

4. 行政法规之间对同一事项的新的一般规定与旧的特别规定不一致,不能确定如何
适用时,由(　　)裁决。
   　A. 最高人民法院　　　　　　　　　　　B. 国务院
   　C. 全国人民代表大会　　　　　　　　　D. 全国人民代表大会常务委员会

5. 按法律规范的渊源划分,招标投标法律体系由(　　)构成。
   　A. 法律、法规、规章、制度
   　B. 法律、规章、行政规范性文件、制度
   　C. 法律、法规、制度、规章
   　D. 法律、法规、规章、行政规范性文件

6. 住房和城乡建设部的规章与某省政府的规章关于工程施工招标的规定有冲突时,
应(　　)。
   　A. 优先适用住房和城乡建设部的规章　　B. 优先适用某省政府的规章
   　C. 在各自权限范围内适用　　　　　　　D. 国务院裁决如何适用

7. 以下(　　)不属于建筑产品的市场风险。
   　A. 定价风险
   　B. 气候、地质、环境的变化,以及国家的宏观经济形势等不确定性因素
   　C. 建筑产品的交易过程持续时间长
   　D. 需求者支付能力的风险

8. 下列工程中,属于分部工程的是(　　)。
   　A. 既有工厂的车间扩建工程　　　　　　B. 工业车间的设备安装工程
   　C. 房屋建筑的装饰装修工程　　　　　　D. 基础工程中的土方开挖工程

9. 编报项目建议书属于(　　)阶段的工作内容。
   　A. 策划决策　　　　B. 开工准备　　　　C. 勘察设计　　　　D. 竣工验收

10. 关于法的效力层级的说法,正确的是(　　)。
   　A. 《建设工程质量管理条例》高于《建筑法》
   　B. 《北京市夜间施工管理办法》高于《北京市环境保护管理条例》
   　C. 《天津市不动产登记管理规定》高于《城市房地产开发经营管理条例》
   　D. 《建设工程安全管理条例》高于《施工现场安全文明施工管理办法》

二、多选题

1. 建筑市场的主体主要包括(　　　　)。

　　A. 发包人　　　　　　　　　　B. 建设项目

　　C. 承包人　　　　　　　　　　D. 中介机构

　　E. 行业规范性文件

2. 从事建筑活动的建筑施工企业应当具备的条件,下列说法正确的有(　　　　)。

　　A. 有符合国家规定的注册资本

　　B. 有与其从事的建筑活动相适应的具有法定执业资格的专业技术人员

　　C. 有向发证机关申请的资格证书

　　D. 有从事相关建筑活动应有的技术装备

　　E. 法律、行政法规规定的其他条件

3. 关于法的效力层级的说法,下列选项中正确的有(　　　　)。

　　A. 宪法至上　　　　　　　　　　B. 新法优于旧法

　　C. 上位法优于下位法　　　　　　D. 一般法优于特别法

　　E. 特别法优于一般法

4.《招标投标法》的立法目的包括(　　　　)。

　　A. 规范招标投标活动　　　　　　B. 提高经济效益,保证项目质量

　　C. 保护国家利益　　　　　　　　D. 保护招标人的合法权益

　　E. 保护社会公共利益

5. 下列属于建设工程法规的是(　　　　)。

　　A. 某直辖市人民代表大会及其常委会通过的《建筑市场管理条例》

　　B. 国务院制定的《建设工程质量管理条例》

　　C. 某市人民政府办公厅下发的外来务工人员暂住规定的通知

　　D. 某省人民政府制定的招标投标管理办法

　　E. 某省建设行政主管部门下发的加强安全管理的通知

6. 开工准备主要工作内容包括(　　　　)。

　　A. 征地、拆迁和场地平整

　　B. 完成施工用水、电、路、通信等工程

　　C. 工程勘察设计

　　D. 通过设备、材料公开招标投标订货

　　E. 图纸交底

三、简答题

1. 地方性法规与部门规章之间对同一事项规定不一致,不能确定如何适用时,应该怎么处理?

2. 分项工程的划分依据是什么?

3.《招标投标法》的立法目的是什么?

4.《招标投标法》的适用主体范围有哪些?

四、案例分析题

某施工劳务企业净资产为 150 万元,其与某工程的施工总承包企业签订的施工劳务分包合同额为 158 万元,但最终实际结算额为 1536 万元。经查,该施工劳务企业实际承揽的劳务作业工程,除木工、砌筑、抹灰作业外,还包括脚手架、模板、混凝土等专业工程内容。

问题:本案中的施工劳务企业在承揽该劳务分包工程中有无违法行为?

项目 2 建设工程招标

项目学习导图

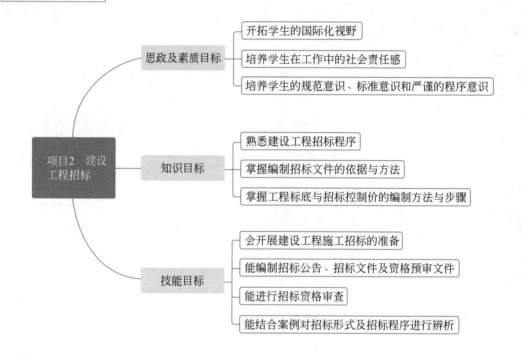

思政及素质目标	开拓学生的国际化视野
	培养学生在工作中的社会责任感
	培养学生的规范意识、标准意识和严谨的程序意识
知识目标	熟悉建设工程招标程序
	掌握编制招标文件的依据与方法
	掌握工程标底与招标控制价的编制方法与步骤
技能目标	会开展建设工程施工招标的准备
	能编制招标公告、招标文件及资格预审文件
	能进行招标资格审查
	能结合案例对招标形式及招标程序进行辨析

（项目2 建设工程招标）

工程项目引例

公开招标在北京某体育场改造复建 PPP 项目中如何应用?

【项目背景】

PPP(Public Private Partnership)模式,通常译为"公共私营合作制",是指政府与私人组织之间,为合作建设城市基础设施项目或提供某种公共物品和服务,以特许权协议为基础,彼此之间形成一种伙伴式的合作关系,并通过签署合同来明确双方的权利和义务,以确保合作的顺利完成,最终使合作各方达到比预期单独行动更为有利的结果。

为进一步发挥 PPP 模式在转变政府职能、推动投融资体制改革、激发社会资本活力等方面的重要作用,建立规范有序、动态持续的项目财政承受能力管理机制,推动 PPP 项目实施和财政管理高质量发展等,近年来,我国已出台诸多 PPP 项目管理相关政策。

2020 年 7 月启动的北京市某体育场改造复建项目采用政府和社会资本合作模式,是典型的 PPP 项目。项目定于 2022 年 12 月 9 日前完工,完工后可以投入使用。该项目实施方案由北京市人民政府批准,北京市总工会与北京市体育局为本项目实施机构,北京职工体育服务中心为本项目产权单位。本项目中,北京市总工会和北京市体育局作为招标人,北京北咨工程咨询有限公司负责组织本项目的招标工作,并决定采用公开招标方式选择本项目的社会资本方。

【项目总体概况】

(1) 项目建设地点:北京市朝阳区。

(2) 项目建设规模:建设面积约38.5万平方米,地上约10.7万平方米,地下约27.8万平方米,项目建设投资约57.46亿元,其中建安工程费约46.66亿元。

(3) PPP操作模式:采用BOT(建设—运营—移交)的运作方式,依照北京市人民政府授权及其他必要的同意和批准,依法授予项目公司特许经营权,由项目公司负责项目投资、建设和运营,合作期届满无偿移交给北京市总工会或指定机构。

思考:在PPP项目模式中,采取公开招标方式确定社会资本方有何优点?

【评析启示】

公开招标是法定的竞争方式之一,市场竞争能实现PPP项目资源优化配置,公开招标能在PPP项目实施过程中形成充分竞争。PPP项目公开招标,其竞争性强、透明度高,既体现了"公平、公正、公开"的原则,又能选择最满足招标文件要求的投资人。

公开招标具有如下优势。

1) 公开招标能发现最优投资人

通过国家指定的媒介公开发布项目信息,其权威性高、聚焦性强,广泛引起投资人关注,吸引国内外投资人参与竞争。因此,公开招标能发现更多、更强的投资人。

2) 公开招标能发现价值

公开招标能实现资源优化配置、实现PPP项目的"物有所值"。通过公平竞争,防止垄断;避免信息不对称给政府造成的损失;促使投资人保证质量、改善服务、降低费用、提高效率,创造合理的利益回报。因此,通过公开招标能找到合理价格,从而发现价值。

3) 公开招标能防止徇私舞弊

公开招标中各项资料公开,让公众广泛参与并监督,有利于防范PPP项目实施过程中的舞弊和腐败现象。

任务 2.1　建设工程招标概述

2.1.1　建设工程招标范围

1. 必须招标的情形

《招标投标法》第三条规定,在中华人民共和国境内进行下列工程建设项目包括项目的勘察、设计、施工、监理以及与工程建设有关的重要设备、材料等的采购,必须进行招标:

(1) 大型基础设施、公用事业等关系社会公共利益、公众安全的项目;

(2) 全部或者部分使用国有资金投资或者国家融资的项目;

(3) 使用国际组织或者外国政府贷款、援助资金的项目。

前款所列项目的具体范围和规模标准,由国务院发展计划部门会同国务院有关部门制订,报国务院批准。法律或者国务院对必须进行招标的其他项目的范围有规定的,依照其规定。

《必须招标的工程项目规定》对上述《招标投标法》第三条规定做了进一步细化补充。其中,《必须招标的工程项目规定》第二条规定,全部或者部分使用国有资金投资或者国家融资的项目包括:

(1) 使用预算资金 200 万元人民币以上,并且该资金占投资额 10% 以上的项目;

(2) 使用国有企业事业单位资金,并且该资金占控股或者主导地位的项目。

《必须招标的工程项目规定》第三条规定,使用国际组织或者外国政府贷款、援助资金的项目包括:

(1) 使用世界银行、亚洲开发银行等国际组织贷款、援助资金的项目;

(2) 使用外国政府及其机构贷款、援助资金的项目。

《必须招标的工程项目规定》第五条规定,必须招标的各类工程建设项目,其勘察、设计、施工、监理以及与工程建设有关的重要设备、材料等的采购,达到下列标准之一的,必须进行招标:

(1) 施工单项合同估算价在 400 万元人民币以上;

(2) 重要设备、材料等货物的采购,单项合同估算价在 200 万元人民币以上;

(3) 勘察、设计、监理等服务的采购,单项合同估算价在 100 万元人民币以上。

同一项目中可以合并进行的勘察、设计、施工、监理以及与工程建设有关的重要设备、材料等的采购,合同估算价合计达到前款规定标准的,必须招标。

2. 可以不招标的情形

根据《招标投标法》第六十六条和《招标投标法实施条例》第九条的规定,有下列情形之一的,可以不进行招标:

(1) 涉及国家安全、国家秘密、抢险救灾或者属于利用扶贫资金实行以工代赈需要使用农民工等特殊情况,不适宜进行招标的;

(2) 需要采用不可替代的专利或者专有技术;

(3) 采购人依法能够自行建设;

(4) 已通过招标方式选定的特许经营项目投资人依法能够自行建设、生产或者提供;

(5) 需要向原中标人采购工程、货物或者服务,否则将影响施工或者功能配套要求;

(6) 国家规定的其他情形。

招标人为适用以上情形规定弄虚作假的,属于《招标投标法》中规定的规避招标行为。

2.1.2 建设工程招标条件

根据《工程建设项目施工招标投标办法》中的相关规定,依法必须招标的工程建设项目应当具备下列条件才能进行施工招标:

(1) 招标人已经依法成立;

(2) 初步设计及概算应当履行审批手续的,已经批准;

(3) 有相应资金或资金来源已经落实;

（4）有招标所需的设计图纸或技术资料。

没有经过审批或者审批没有获得批准的项目是不能进行招标的，擅自招标属于违法行为。投标人在参加要求履行审批手续的项目投标时，须特别注意招标项目是否已经有关部门审核批准，以免造成不必要的损失。

所谓"有相应资金或资金来源已经落实"，是指进行某一单项建设项目、货物或服务采购所需的资金已经到位，或者尽管资金没有到位，但来源已经落实。从目前的实践看，招标项目的资金来源一般包括：国家和地方政府的财政拨款、企业的自有资金包括银行贷款在内的各种方式的融资，以及外国政府和有关国际组织的贷款。

2.1.3　建设工程招标方式

为了规范招标投标活动，保护国家利益和社会公共利益以及招投标活动当事人的合法权益，《招标投标法》中明确规定，招标方式分为公开招标和邀请招标。在实际工程项目中，由于工程项目的实际特点，在工程项目发包过程中，还常常运用到议标的方式。

微课：限制或排斥投标人的行为

1. 公开招标

公开招标是指招标人通过报纸、期刊、广播、网络等媒介，公开发布招标公告，邀请不特定的法人或者其他组织投标。公开招标一般对投标人的数量不做限制，因此又被称为"无限竞争性招标"。

2. 邀请招标

邀请招标是指招标人以投标邀请书的方式直接邀请特定的法人或者其他组织投标。由于投标人的数量是由招标人确定的，所以又被称为"有限竞争招标"。

邀请投标人时通常需要考虑以下 5 个因素：

（1）该单位有与该项目相应的资质，并且有足够的能力承担招标工程的任务；

（2）该单位近期内成功地承包过与招标工程类似的项目，有较丰富的经验；

（3）该单位的技术装备、劳动者素质、管理水平等均符合招标工程的要求；

（4）该单位当前和过去财务状况良好；

（5）该单位有较好的信誉。

被邀请的投标人必须在资金、能力、信誉等方面均能胜任该招标工程。

3. 公开招标和邀请招标的区别

1）两者发布招标信息的方式不同

公开招标是招标人采用报纸、电视、广播等公众媒体发布公告的方式，而邀请招标则是由招标人以信函、电信、传真等方式向特定目标发出投标邀请书。

2）潜在投标人的范围不同

公开招标中，所有对通过招标公告发布的招标项目感兴趣的法人或其他组织都可以参加投标竞争，招标人事先并不知道潜在投标人的数量；而邀请招标时，仅限接到邀请书的建筑企业可以投标，缩小了招标人的选择范围。通常情况下，被邀请的潜在投标人数目在3～10个。

3) 公开的范围不同

根据各自的特点,公开招标的项目公开的范围要比邀请招标广泛得多,具有较强的公开性和竞争性;而邀请招标则在一定程度上圈定了投标人的范围,降低了竞争程度。

2.1.4　典型案例

【案例背景】

某高校自筹资金组织教学楼工程建设,由 W 建筑公司承建。为进一步发挥该教学楼的功能,距工程竣工还有 4 个月时间,该高校拟在教学楼电化教室西侧加建两层小楼,建筑面积 216m²,将教学楼中的一些配套设施,如电化教学设备、录像设备以及教师课间休息室等移至该两层小楼内。该附属工程已经得到计划、规划、建设等管理部门批准,设计单位也已经按照校方这些需求,对原教学楼设计中的一些管线、设备进行了调整,同时也完成了该附属工程的设计工作,资金能够满足工程发包需要。

问题:(1) 工程施工项目招标应具备哪些条件? 本附属工程是否具备施工招标条件,为什么?

(2) 该附属工程是否可以不招标而直接发包? 为什么?

【案例解析】

(1) 工程施工项目招标应具备以下 4 个条件:①招标人已经依法成立;②初步设计及概算应当履行审批手续的,已经批准;③有相应资金或资金来源已经落实;④有招标所需的设计图纸及技术资料。

依据背景材料,该附属工程已经取得了建设前的合法手续,满足相关条件,故可以采用招标方式确定承包人。

(2) 该附属工程可以不招标而直接发包,但须履行相应审批手续。原因:根据《招标投标法实施条例》,需要向原中标人采购工程、货物或者服务,否则将影响施工或者功能配套要求的工程项目可以不进行招标。

2.1.5　建设工程招标流程

建设工程施工招投标一般需经历招标准备阶段、招标投标阶段和决标成交阶段。与邀请招标相比,公开招标在招标准备阶段增加了发布招标公告、进行资格预审两项内容。

以公开招标为例,建设工程施工招标与投标工作流程如图 2-1 所示。

1. 招标准备阶段的主要工作

招标准备阶段的工作由招标人单独完成,投标人不参与。其主要工作包括以下 4 个方面:①招标组织工作;②选择招标方式、范围;③申请招标;④编制招标有关文件。

2. 招标投标阶段的主要工作

公开招标从发布招标公告开始,邀请招标从发出投标邀请书开始,到投标截止日期为止的期间称为招标投标阶段。主要工作包括以下 5 个方面:①发布招标公告或者发出投标邀请书;②资格预审;③发售招标文件;④组织现场考察;⑤标前会议。

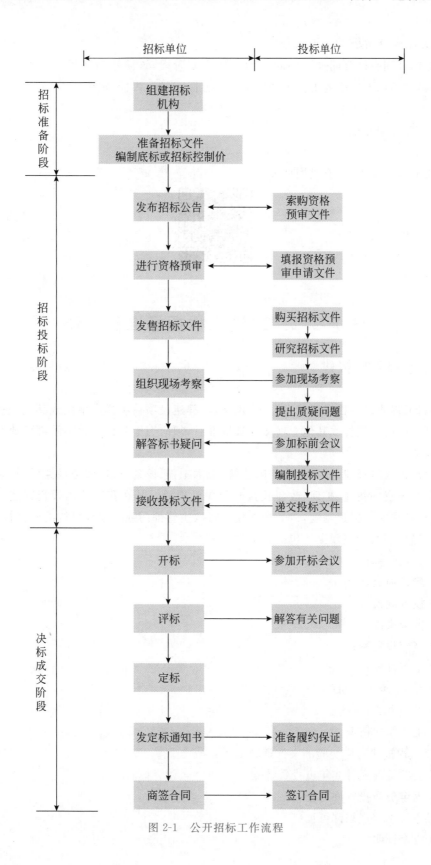

图 2-1　公开招标工作流程

3. 决标成交阶段的主要工作

从开标日到签订合同这一期间称为决标成交阶段,该阶段对各投标文件进行评审比较,最终确定中标人。主要工作包括以下 3 个方面:开标、评标、定标。

2.1.6 典型训练

扫描下方二维码,完成典型训练。

任务 2.2 建设工程招标准备工作

2.2.1 工程项目报建

按照《工程建设项目报建管理办法》规定,工程建设项目由建设单位或其代理机构在工程项目可行性研究报告或其他立项文件被批准后,须向当地建设行政主管部门或其授权机构进行报建。

工程建设项目报建范围:各类房屋建筑、土木工程、设备安装、管道线路敷设、装饰装修等固定资产投资的新建、扩建、改建及技改等建设项目。凡在我国境内投资兴建的工程建设项目,都必须实行报建制度,接受当地建筑行政主管部门或其授权机构的监督管理。

工程建设项目的报建主要包括以下内容:

(1) 工程名称;

(2) 建设地点;

(3) 投资规模;

(4) 资金来源;

(5) 当年投资额;

(6) 工程规模;

(7) 开工、竣工日期;

(8) 发包方式;

(9) 工程筹建情况。

办理工程报建时应交验的文件资料如下:

(1) 立项批准文件或年度投资计划;

(2) 固定资产投资许可证;

(3) 建设工程规划许可证;

(4) 资金证明。

主要报建程序如下：

（1）建设单位到建设行政主管部门或其授权机构领取《工程建设项目报建表》；

（2）按报建表的内容及要求认真填写；

（3）向建设行政主管部门或其授权机构报送《工程建设项目报建表》，并按要求进行招标准备。

工程建设项目的投资和建设规模有变化时，建设单位应及时到建设行政主管部门或其授权机构进行补充登记。筹建负责人变更时，应重新登记。

2.2.2　确定招标组织形式

招标组织形式分为自行招标和委托招标。招标人有权自行选择招标代理机构，委托其办理招标事宜，任何单位和个人不得以任何方式为招标人指定招标代理机构。

1. 自行招标

招标人自行办理招标事宜的，应当具有编制招标文件和组织评标的能力，具体包括：

（1）具有项目法人资格（或者法人资格）；

（2）具有与招标项目规模和复杂程度相适应的工程技术、概预算、财务和工程管理等方面专业技术力量；

（3）有从事同类工程建设项目招标的经验；

（4）拥有3名以上取得招标职业资格的专业招标业务人员；

（5）熟悉和掌握《招标投标法》及有关法规规章。

依法必须进行招标的项目，招标人自行办理招标事宜的，应当向有关行政监督部门备案。

2. 委托招标代理机构

招标代理机构是依法设立、从事招标代理业务并提供相关服务的社会中介组织，其性质不是一级行政机关，而是从事生产经营的企业。招标代理机构应当具备下列条件：

（1）有从事招标代理业务的营业场所和相应资金；

（2）有能够编制招标文件和组织评标的相应专业力量。

2020年8月28日，为全面贯彻新发展理念，推动城乡建设绿色发展和高质量发展，以新型建筑工业化带动建筑业全面转型升级，打造具有国际竞争力的"中国建造"品牌，住房和城乡建设部、科学技术部、工业和信息化部等九部门联合印发《关于加快新型建筑工业化发展的若干意见》。意见中强调：发展全过程咨询，需大力发展以市场需求为导向、满足委托方多样化需求的全过程工程咨询服务，培育具备勘察、设计、监理、招标代理、造价等业务能力的全过程工程咨询企业。总的来说，推进工程建设全过程项目管理咨询服务是深化工程建设项目组织实施方式改革，提高工程建设管理和咨询服务水平，保证工程质量和投资效益的重要举措。

为深入推进工程建设领域"放管服"改革，2021年6月3日，国务院印发《国务院关于深化"证照分离"改革进一步激发市场主体活力的通知》，自2021年7月1日起实施。在政府采购、工程建设项目审批中，不得再对工程造价咨询企业提出资质方面的要求。企业取得营业执照即可自主开展经营。

2.2.3 选择招标方式

招标人应按照我国《招标投标法》等相关法律法规的规定,结合工程建设项目本身的特点确定采取何种招标方式。

根据《招标投标法实施条例》《工程建设项目施工招标投标办法》的相关规定,国有资金占控股或者主导地位的依法必须进行招标的项目,应当公开招标;但有下列情形之一的,可以邀请招标:

(1) 技术复杂、有特殊要求或者受自然环境限制,只有少量潜在投标人可供选择;

(2) 采用公开招标方式的费用占项目合同金额的比例过大;

(3) 涉及国家安全、国家秘密或者抢险救灾,适宜招标但不宜公开招标。

前述邀请招标中的第(2)种情形,由项目审批、核准部门在审批、核准项目时作出认定;其他项目由招标人申请有关行政监督部门作出认定。

全部使用国有资金投资或者国有资金投资占控股或者主导地位并需要审批的工程建设项目的邀请招标,应当经项目审批部门批准,但项目审批部门只审批立项的,由有关行政监督部门批准。

2.2.4 划分施工标段

招标项目需要划分标段的,招标人应当合理划分标段。一般情况下,一个项目应当作为一个整体进行招标。标段的划分是招标活动中较为复杂的一项工作,应当综合考虑以下因素。

1. 标段划分的大小

标段大小的划分应有利于竞争。对于大型的项目,作为一个整体进行招标将大大降低招标的竞争性,因为符合招标条件的潜在投标人数量太少。这样就应当将招标项目划分成若干个标段分别进行招标。但也不能将标段划分得太小,太小的标段将失去对实力雄厚的潜在投标人的吸引力。如建设项目的施工招标,一般可以将一个项目分解为单位工程及特殊专业工程分别招标,但不允许将单位工程肢解为分部、分项工程进行招标。

2. 招标项目的专业要求

如果招标项目的几部分内容专业要求接近,则该项目可以考虑作为一个整体进行招标。如果该项目的几部分内容专业要求相距甚远,则应当考虑划分为不同的标段分别招标。如对于一个项目中的土建和设备安装两部分内容就可分别招标。

3. 招标项目的管理要求

划分标段时应充分考虑施工过程中不同承包单位同时施工时可能产生的交叉干扰,以利于对工程项目的管理。如果招标标段划分得太多,会使现场协调工作难度加大,应当避免产生平面或者立面交接、工作责任的不清。如果建设项目各项工作的衔接、交叉和配合少,责任清楚,则可考虑分别发包;反之,则应考虑将项目作为一个整体发包给一个承包人,因为此时由一个承包人进行协调管理更容易做好衔接工作。

4. 资金的准备情况

一个项目作为一个整体招标,有利于承包人的统一管理,人工、机械设备、临时设施等可以统一使用,又可降低费用。如果资金准备充分,可整体招标;如果资金分段到位,则可根据资金的情况划分标段。应当具体情况具体分析。

2.2.5　典型案例

【案例背景】

某大型水利枢纽主体土建工程的施工,划分为拦河主坝、泄洪排沙系统和引水发电系统3个合同标段进行招标。第一标段的工作内容为坝顶长1667m、坝底宽864m、坝高154m的黏土心墙堆石坝;第二标段包括3条直径14.5m的孔板消能泄洪洞、1条灌溉洞、1条溢洪道和1条非常溢洪道;第三标段包括6条直径7.8m的引水发电洞、3条断面为12m×19m的尾水洞、1座尾水闸门室、1座251.5m×26.2m×61.44m的地下厂房。

问题:本案例项目在合同标段的划分时主要考虑哪些因素?

【案例解析】

(1)施工作业面分布在不同场地和不同高度,作业相对独立,不容易产生施工干扰。主体工程的几项工程可以同时施工,有利于节约施工时间,使项目尽早发挥效益。

(2)合同标段考虑了施工内容的专业特点。第一标段主要为露天填筑碾压工程,其他两个标段主要为地下工程施工,有利于承包商发挥专业优势。

(3)合同标段划分相对较少,有利于业主和监理的协调管理、监督控制。但一个标段的工作量较大,对能力较强的承包商具有吸引力,有利于投标竞争。

2.2.6　确定招标发承包模式

工程发承包模式的选择取决于工程技术复杂程度、建设工期的要求以及设计图纸深度等因素,目前工程项目常见的发承包模式有以下5大类。

1. 项目管理委托的模式

国际上,项目管理咨询公司(咨询事务所,或称顾问公司)可以接受业主方、设计方、施工方、供货方和建设项目工程总承包方的委托,提供代表委托方利益的项目管理服务。项目管理咨询公司所提供的这类服务的工作性质属于工程咨询(工程顾问)服务。

在国际上业主方项目管理的方式主要有以下3种:

(1)业主方自行项目管理;

(2)业主方委托项目管理咨询公司承担全部业主方项目管理的任务;

(3)业主方委托项目管理咨询公司与业主方人员共同进行项目管理,业主方从事项目管理的人员在项目管理咨询公司委派的项目经理的领导下工作。

2. 设计任务委托的模式

工业发达国家设计单位的组织体制与我国有区别,多数设计单位是专业设计事务所,而不是综合设计院,如建筑师事务所、结构工程师事务所和各种建筑设备专业工程师事务所等,设计事务所的规模多数也较小,因此其设计任务委托的模式与我国不同。对工业与民用建筑工程而言,在国际上,建筑师事务所往往起着主导作用,其他专业设计事务所则配合建筑师事务所从事相应的设计工作。

我国业主方主要通过设计招标的方式选择设计方案和设计单位,主要有以下两种模式。

(1)业主方委托一个设计单位或由多个设计单位组成的设计联合体或设计合作体作为设计总负责单位,设计总负责单位视需要再委托其他设计单位配合设计。

(2)业主方不委托设计总负责单位,而平行委托多个设计单位进行设计。

3. 工程总承包的模式

建设项目工程总承包,以下简称为工程总承包。建筑工程的发包单位可以将建筑工程的勘察、设计、施工、设备采购一并发包给一个工程总承包单位,也可以将建筑工程勘察、设计、施工、设备采购的一项或者多项发包给一个工程总承包单位;但是,不得将应当由一个承包单位完成的建筑工程肢解成若干部分发包给几个承包单位。

建设项目工程总承包主要有以下两种方式。

(1)设计—施工总承包(简称 DB),该方式是指工程总承包企业按照合同约定,承担工程项目设计和施工,并对承包工程的质量、安全、工期、造价全面负责。

(2)设计—采购—施工总承包(简称 EPC),该方式是指工程总承包企业按照合同约定,承担工程项目的设计、采购、施工、试运行服务等工作,并对承包工程的质量、安全、工期、造价全面负责。

4. 施工任务委托的模式

施工任务的委托主要有以下 3 种模式。

(1)业主方委托一个施工单位或由多个施工单位组成的施工联合体或施工合作体作为施工总承包单位,施工总承包单位根据需要再委托其他施工单位作为分包单位配合施工。

(2)业主方委托一个施工单位或由多个施工单位组成的施工联合体或施工合作体作为施工总承包管理单位,业主方另委托其他施工单位作为分包单位进行施工。

(3)业主方不委托施工总承包单位,也不委托施工总承包管理单位,而平行委托多个施工单位进行施工。

5. 物资采购的模式

工程建设物资指的是建筑材料、建筑构配件和设备。在国际上业主方工程建设物资采购有以下 3 种模式。

(1)业主方自行采购。

(2)与承包商约定某些物资为指定供货商。

(3)承包商采购等。

《建筑法》对物资采购有这样的规定:"按照合同约定,建筑材料、建筑构配件和设备由工程承包单位采购的,发包单位不得指定承包单位购入用于工程的建筑材料、建筑构配件和设备或者指定生产厂、供应商。"

2.2.7 确定合同计价方式

在实际工程中,合同计价方式有许多种。目前国内外通常采用的合同计价方式主要有单价合同、总价合同、成本加酬金合同三大类。《建设工程施工合同(示范文本)》(GF - 2017 - 0201)第12.1条提出,发包人和承包人应当在合同协议书中选择单价合同、总价合同和其他价格形式中的一种。因此,在正式进行招标工作之前,招标人应结合项目自身特点以及拟采用的发承包模式等共同确定项目的合同计价方式。

2.2.8 典型训练

扫描下方二维码,完成典型训练。

任务 2.3 编制与发布招标公告或投标邀请书

2.3.1 编制招标公告或投标邀请书

实行公开招标的建设工程项目,招标人应该通过国家指定的报纸、信息网络或者广播、电视等媒介发布招标公告,发布的时间应达到相关规定要求,一般要求在公告发布时间内领取资格预审文件或招标文件。实行邀请招标的建设工程项目,招标单位可通过建设工程交易中心发布信息,向有能力承担本合同工程的施工单位发出投标邀请书,收到投标邀请书的施工单位应于七日内以书面形式进行确认,说明是否愿意参加投标。

按照《招标投标法》的规定,招标公告与投标邀请书应当载明同样的事项,包括招标人的名称和地址、招标项目的性质、数量、实施地点和时间以及获取招标文件的办法等事项,此外,招标公告中还应包括对投标人的资格要求。

2.3.2 发布招标公告或投标邀请书

为了规范招标公告发布行为,保证潜在投标人平等、便捷、准确地获取招标信息,《招标公告和公示信息发布管理办法》对项目招标公告和公示信息的发布作出了明确的规定。

1. 对招标公告发布的监督

国家发改委根据招标投标法律法规规定,对依法必须招标项目招标公告和公示信息发布媒介的信息发布活动进行监督管理。省级发展改革部门对本行政区域内招标公告和公示信息发布活动依法进行监督管理。省级人民政府另有规定的,从其规定。

2. 对招标人的要求

拟发布的招标公告和公示信息文本应当由招标人或其招标代理机构盖章,并由主要负责人或其授权的项目负责人签名。采用数据电文形式的,应当按规定进行电子签名。

依法必须招标项目的招标公告和公示信息除在发布媒介发布外,招标人或其招标代理机构也可以同步在其他媒介公开,并确保内容一致。其他媒介可以依法全文转载依法必须招标项目的招标公告和公示信息,但不得改变其内容,同时必须注明信息来源。

3. 对指定媒介的要求

依法必须招标项目的招标公告和公示信息应当在"中国招标投标公共服务平台"或者项目所在地省级电子招标投标公共服务平台(以下统一简称"发布媒介")发布。省级电子招标投标公共服务平台应当与"中国招标投标公共服务平台"对接,按规定同步交互招标公告和公示信息。对依法必须招标项目的招标公告和公示信息,发布媒介应当与相应的公共资源交易平台实现信息共享。

依法必须招标项目的招标公告和公示信息鼓励通过电子招标投标交易平台录入后交互至发布媒介核验发布,也可以直接通过发布媒介录入并核验发布。

按照电子招标投标有关数据规范要求交互招标公告和公示信息文本的,发布媒介应当自收到起 12 小时内发布。采用电子邮件、电子介质、传真、纸质文本等其他形式提交或者直接录入招标公告和公示信息文本的,发布媒介应当自核验确认起 1 个工作日内发布。核验确认最长不得超过 3 个工作日。

对于采用邀请招标形式的项目,由招标人直接将投标邀请书发布给各个选定的潜在投标人,无须通过公告媒介进行发布。

2.3.3 典型案例

【案例背景】

某建设单位经相关主管部门批准,组织某建设项目全过程总承包(EPC 模式)的公开招标工作。根据实际情况和建设单位要求,该工程工期为两年,考虑到各种因素的影响,决定该工程在基本方案确定后即开始招标,确定的部分招标程序如下:

(1) 成立该工程招标领导机构;

(2) 委托招标代理机构代理招标;

(3) 发出投标邀请书;

(4) 对报名参加投标者进行资格预审,并将资格预审结果通知合格的投标申请人;

(5) 向所有获得投标资格的投标人发售招标文件;

(6) 召开投标预备会;

(7) 招标文件的澄清与修改。

问题:指出上述部分招标程序中的不妥之处。

【案例解析】

第(3)条"发出投标邀请书"不妥,应为"发布(或刊登)招标公告"。第(4)条将资格预审结果仅通知到合格的投标申请人不妥,资格预审的结果应该通知到所有投标人。

2.3.4 典型训练

扫描下方二维码,完成典型训练。

任务 2.4 资 格 审 查

资格审查是指招标人对潜在投标人的经营范围、专业资质、财务状况、技术能力、管理能力、业绩、信誉等多方面的综合评估审查,以判定其是否具有投标、订立和履行合同的资格及能力。

2.4.1 认识资格审查方式

根据《工程建设项目施工招标投标办法》第十七条的规定,资格审查分为资格预审和资格后审两种方式。

1. 资格预审

资格预审是指在投标前对潜在投标人进行的资格审查。招标人通过发布资格预审公告,向不特定的潜在投标人发出投标邀请,并组织招标资格审查委员会按照资格预审公告和资格预审文件确定的资格预审条件、标准和方法,对投标申请人的经营资格、专业资质、财务状况、类似项目业绩、履约信誉、企业认证体系等条件进行评审,确定合格的潜在投标人。

经资格预审后,招标人应当向资格预审合格的潜在投标人发出资格预审合格通知书,告知获取招标文件的时间、地点和方法,并同时向资格预审不合格的潜在投标人告知资格预审结果。资格预审不合格的潜在投标人不得参加投标。

资格预审可以减少评标阶段的工作量、缩短评标时间、减少评审费用、避免不合格投标人浪费投标费用。但因设置了招标资格预审环节,延长了招投标的过程,增加了招投标双方资格预审的费用。资格预审方法比较适用于技术难度较大或投标文件编制费用较高,且潜在投标人数量较多的招标项目。

2. 资格后审

资格后审是指在开标后对投标人进行的资格审查。采取资格后审的,招标人应当在招标文件中载明对投标人资格要求的条件、标准和方法。评标委员会按照招标文件规定的评审标准和方法进行投标人资格评审,合格的投标文件进入详细评审。对资格后审不合格的投标人,评标委员会应当对其投标作废标处理。

资格后审方法可以避免招投标双方资格预审的工作环节和费用,缩短招投标过程,有利于增强投标的竞争性,但在投标人过多时会增加评标工作量。

2.4.2　资格审查流程

1. 资格预审程序

根据国务院有关部门对资格预审的要求和《标准施工招标资格预审文件》,资格预审一般按以下程序进行:

(1) 编制资格预审文件;

(2) 发布资格预审公告;

(3) 出售资格预审文件;

(4) 资格预审文件的澄清、修改;

(5) 潜在投标人编制并递交资格预审申请文件;

(6) 组建资格审查委员会;

(7) 资格审查委员会评审资格预审申请文件,并编写资格评审报告;

(8) 招标人审核资格评审报告,确定资格预审合格申请人;

(9) 向通过资格预审的申请人发出投标邀请书(代资格预审合格通知书),并向未通过资格预审的申请人发出资格预审结果的书面通知。

其中,编制资格预审文件和组织进行资格预审申请文件的评审,是资格预审程序中的两项重要内容。

2. 资格后审程序

资格后审一般在评标过程中的初步评审阶段进行。采用资格后审的,对投标人资格要求的审查内容、评审方法和标准与资格预审基本相同,评审工作由招标人依法组建的评标委员会负责。

2.4.3　典型案例

【案例背景】

某市政府投资某公路路基工程,初定工期为1年。主管部门考虑到尚不具备编制招标控制价的技术人员,因此将该项目委托具有相应资质的招标代理公司采用工程量清单方式招标,同时由该招标代理公司对投标人进行资格预审。

问题:案例中主管部门委托招标代理公司的行为是否恰当?

【案例解析】

不完全恰当。委托具有相应资质的招标代理公司采用工程量清单方式招标是可以的,但是由招标代理公司进行资格预审不合适。国有资金占控股或者主导地位的依法必须进行招标的项目,招标人应当组建资格审查委员会审查资格预审申请文件,资格审查委员会及其成员应当遵守《招标投标法》和《招标投标法实施条例》中有关评标委员会及其成员的规定。

2.4.4　编制资格预审文件

依法必须招标的工程招标项目,应当按照《标准施工招标资格预审文件》,结合招标项目的技术管理特点和需求,编制资格预审文件。

《标准施工招标资格预审文件》包括资格预审公告、申请人须知、资格审查办法、资格预审申请文件格式和建设项目概况五章内容。

1. 资格预审公告

资格预审公告包括招标条件、项目概况与招标范围、申请人资格要求、资格预审方法、资格预审文件的获取、资格预审申请文件的递交、发布公告的媒介、联系方式等内容。

2. 申请人须知

1) 申请人须知前附表

前附表编写内容及要求如下。

(1) 招标人及招标代理机构的名称、地址、联系人与电话。

(2) 工程建设项目基本情况,包括项目名称、建设地点、资金来源、出资比例、资金落实情况、招标范围、标段划分、计划工期、质量要求等。

(3) 申请人资格条件。告知申请人必须具备的工程施工资质、近年类似业绩、财务状况、拟投入人员、设备等技术力量等资格能力要素条件和近年发生诉讼、仲裁等履约信誉情况及是否接受联合体投标等要求。

(4) 时间安排。明确申请人提出澄清资格预审文件要求的截止时间,招标人澄清、修改资格预审文件的截止时间,申请人确认收到资格预审文件澄清和修改的时间,使申请人知悉资格预审活动的时间安排。

(5) 申请文件的编写要求。明确申请文件的签字和盖章要求、申请文件的装订及文件份数,使申请人知悉资格预审申请文件的编写格式。

(6) 申请文件的递交规定。明确申请文件的密封和标识要求、申请文件递交的截止时间及地点、资格审查结束后资格预审申请文件是否退还,以使投标人能够正确递交申请文件。

(7) 简要写明资格审查采用的方法,以及资格预审结果的通知时间及确认时间。

2) 总则

总则编写要把招标工程建设项目概况、资金来源和落实情况、招标范围和计划工期及质量要求叙述清楚,声明申请人资格要求,明确申请文件编写所用的语言,以及参加资格预审过程的费用承担。

3) 资格预审文件

(1) 资格预审文件的组成。资格预审文件由资格预审公告、申请人须知、资格审查办法、资格预审申请文件格式、项目建设概况及对资格预审文件的澄清和修改构成。

(2) 资格预审文件的澄清。要明确申请人提出澄清的时间、澄清问题的表达形式,招标人的回复时间和回复方式,以及申请人对收到答复的确认时间及方式。

(3) 资格预审文件的修改。明确招标人对资格预审文件进行修改、通知的方式及时间,以及申请人确认的方式及时间。

(4)资格预审申请文件的编制。招标人应在资格预审文件中明确告知申请人资格预审申请文件的组成内容、编制要求、装订及签字盖章要求。

(5)资格预审申请文件的递交。招标人一般在这部分明确资格预审申请文件应按统一的规定要求进行密封和标识,并在规定的时间和地点递交。对于没有在规定地点、截止时间前递交的申请文件,应拒绝接收。

(6)资格审查。国有资金占控股或者主导地位的依法必须进行招标的项目,由招标人依法组建的资格审查委员会进行资格审查;其他招标项目可由招标人自行进行资格审查。

(7)通知和确认。明确审查结果的通知时间及方式,以及合格申请人的回复方式及时间。

(8)纪律与监督。对资格预审期间的纪律、保密、投诉及对违纪的处置方式进行规定。

3. 资格审查办法

1)选择资格审查办法

资格审查方法包括合格制和有限数量制两种,一般情况下应采用合格制,潜在投标人过多的,可采用有限数量制。

2)审查标准

审查标准包括初步审查标准和详细审查标准两种,采用有限数量制时的评分标准。

3)审查程序

审查程序包括资格预审申请文件的初步审查、详细审查、申请文件的澄清及有限数量制的评分等内容和规则。

4)审查结果

资格审查委员会完成资格预审申请文件的审查,确定通过资格预审的申请人名单,向招标人提交书面审查报告。

4. 资格预审申请文件格式

资格预审申请文件格式具体包括以下内容:

(1)资格预审申请函;

(2)法定代表人身份证明或其授权委托书;

(3)联合体协议书;

(4)申请人基本情况;

(5)近年财务状况;

(6)近年完成的类似项目情况;

(7)拟投入的技术和管理人员状况;

(8)未完成和新承接的项目情况;

(9)近年发生的诉讼及仲裁情况;

(10)其他材料。

5. 建设项目概况

建设项目概况应包括项目说明、建设条件、建设要求和其他需要说明的情况。

(1)项目说明:主要包括工程规模标准、项目的批准情况、项目投资人出资比例、项目的建设地点、计划工期等。

（2）建设条件：主要描述建设项目所处位置的水文气象条件、工程地质条件、地理位置及交通条件等。

（3）建设要求：概要介绍工程施工技术规范、标准要求，工程建设质量、进度、安全和环境管理等要求。

（4）其他需要说明的情况：需结合项目的工程特点和项目业主的具体管理要求提出。

2.4.5　典型训练

扫描下方二维码，完成典型训练。

任务 2.5　编制招标文件

2.5.1　编制招标文件的参考依据

为了规范招标文件编制活动，提高招标文件编制质量，促进招标投标活动的公开、公平和公正，由国家发改委等九部委在原 2002 年版招标文件范本的基础上，联合编制了《标准施工招标资格预审文件》（2007 年版）、《标准施工招标文件》（2007 年版），并于 2008 年 5 月 1 日试行。2010 年 6 月，住房和城乡建设部根据《标准施工招标文件》（2007 年版）试行情况发布了《房屋建筑和市政工程标准施工招标资格预审文件》和《房屋建筑和市政工程标准施工招标文件》（2010 年版，建市〔2010〕88 号）。该文件适用于一定规模以上且设计和施工不是由同一承包人承担的房屋建筑和市政工程施工招标的资格预审和施工招标。

为落实中央关于建立工程建设领域突出问题专项治理长效机制的要求，进一步完善招标文件编制规则，提高招标文件编制质量，促进招标投标活动的公开、公平和公正，国家发改委同其他相关部委编制了《简明标准施工招标文件》和《标准设计施工总承包招标文件》，并于 2012 年 5 月 1 日起实施。通知中规定，依法必须进行招标的工程建设项目，工期不超过 12 个月、技术相对简单且设计和施工不是由同一承包人承担的小型项目，其施工招标文件应当根据《简明标准施工招标文件》编制。设计施工一体化的总承包项目，其招标文件应当根据《标准设计施工总承包招标文件》编制。

2017 年 9 月，国家发改委等九部委共同编制了《标准设备采购招标文件》《标准材料采购招标文件》《标准勘察招标文件》《标准设计招标文件》《标准监理招标文件》，以上文件自 2018 年 1 月 1 日起实施。

2.5.2 招标文件的编制内容

微课：应用规范
进行招标文件审定

一般情况下，各类工程施工招标文件的内容大致相同，但组卷方式可能有所区别。此处以《标准施工招标文件》为范本介绍工程施工招标文件的内容和编写要求。

《标准施工招标文件》共包括封面格式和四卷（共八章）内容，如表 2-1 所示。

表 2-1《标准施工招标文件》组成

	第一章	招标公告（投标邀请书）
	第二章	投标人须知
第一卷	第三章	评标办法
	第四章	合同条款及格式
	第五章	工程量清单
第二卷	第六章	图纸
第三卷	第七章	技术标准和要求
第四卷	第八章	投标文件格式

1. 封面格式

《标准施工招标文件》的封面格式包括以下内容：项目名称、标段名称（如有）、"招标文件"四个字样、招标人名称和单位印章、时间。

2. 招标公告（投标邀请书）

招标公告与投标邀请书是《标准施工招标文件》的第一章。对于未进行资格预审的公开招标项目，招标文件应包括招标公告；对于邀请招标的项目，招标文件应包括投标邀请书；对于已经进行资格预审的项目，招标文件应包括投标邀请书（代资格预审通过通知书）。

（1）招标公告（未进行资格预审）包括项目名称、招标条件、项目概况与招标范围、投标人资格要求、招标文件的获取、投标文件的递交、发布公告的媒介和联系方式等内容。

（2）投标邀请书（适用于邀请招标）一般包括项目名称、被邀请人名称、招标条件、项目概况与招标范围、投标人资格要求、招标文件的获取、投标文件的递交、确认时间和联系方式等内容，其中大部分内容与招标公告基本相同，唯一的区别在于投标邀请书无须说明发布公告的媒介，但对投标人增加了在收到投标邀请书后的约定时间内，以传真或快递方式予以确认是否参加投标的要求。

（3）投标邀请书（代资格预审通过通知书）一般包括项目名称、被邀请人名称、购买招标文件的时间、售价、投标截止时间、收到邀请书的确认时间和联系方式等。与适用于邀请招标的投标邀请书相比，由于已经经过了资格预审阶段，所以在代资格预审通过通知书的投标邀请书里，不包括招标条件、项目概况与招标范围和投标人资格要求等内容。

3. 投标人须知

投标人须知包括投标人须知前附表、总则、招标文件、投标文件、投标、开标、评标和合同授予 8 个部分。

1）投标人须知前附表

投标人须知前附表的作用主要有两个：①将投标人须知中的关键内容和数据摘要列表，起到强调和提醒作用，为投标人迅速掌握投标人须知内容提供方便，但必须与招标文件相关章节内容衔接一致；②对投标人须知正文中交由前附表明确的内容给予具体约定。

2）总则

投标人须知正文中的"总则"内容包括：①项目概况；②资金来源和落实情况；③招标范围、计划工期和质量要求；④投标人资格要求；⑤保密；⑥语言文字；⑦计量单位。

3）招标文件

招标文件是指对招标活动具有法律约束力的最主要文件。投标人须知应该阐明招标文件的组成、招标文件的澄清和修改。招标人对已发出的招标文件进行必要的澄清或者修改的，应当在招标文件要求提交投标文件截止时间至少 15 天前，以书面形式通知所有招标文件收受人。投标人须知中没有载明具体内容的，不构成招标文件的组成部分，对招标人和投标人没有约束力。

4）投标文件

投标文件是投标人响应和依据招标文件向招标人发出的要约文件。招标人在投标人须知中对投标文件的组成、投标报价、投标有效期、投标保证金、资格审查资料、备选方案和投标文件的编制和递交应提出明确要求。

5）投标

投标包括投标文件的密封和标志、投标文件的递交时间和地点、投标文件的修改和撤回等规定。

6）开标

开标包括开标时间、地点和开标程序等规定。

7）评标

评标包括评标委员会、评标原则和评标方法等规定。

8）合同授予

合同授予包括定标方式、中标通知、履约担保和签订合同等规定。

4. 评标办法

招标文件中的"评标办法"主要包括选择评标办法，确定评审因素和标准，以及确定评标程序三方面内容。

1）评标办法

评标办法一般包括经评审的最低投标价法、综合评估法和法律、行政法规允许的其他评标办法。

2）评审因素和标准

招标文件应针对初步评审和详细评审，分别制定相应的评审因素和标准。

3）评标程序

评标工作一般包括初步评审，详细评审，招标文件的澄清、说明，及评标结果等具体程序。

5. 合同条款及格式

为了提高效率,招标人可采用《标准施工招标文件》或者结合行业合同示范文本的合同条款编制招标项目的合同条款。

《标准施工招标文件》的合同条款包括一般约定、发包人义务、有关监理单位的约定、有关承包人义务的约定、材料和工程设备、施工设备和临时设施、交通运输、测量放线、施工安全、治安保卫和环境保护、进度计划、开工和竣工、暂停施工、工程质量、试验和检验、变更与变更的估价原则、价格调整原则、计量与支付、竣工验收、缺陷责任与保修责任、保险、不可抗力、违约、索赔、争议的解决等内容。合同附件的格式包括合同协议书格式、履约担保格式、预付款担保格式等。

6. 工程量清单

招标工程量清单是投标人投标报价和签订合同协议书的依据,也是确定合同价格的唯一载体。工程量清单的准确性和完整性由招标人负责。《标准施工招标文件》第五章"工程量清单"包括四部分内容:工程量清单说明、投标报价说明、其他说明和招标工程量清单。其中,前三部分均是说明性内容,为解读和使用第四部分的内容服务。第四部分提供的

微课:招标工程量清单

是系列表格,包括工程量清单表、计日工表、暂估价表、投标报价汇总表、工程量清单综合单价分析表等。

7. 图纸

图纸是合同文件的重要组成部分,是编制工程量清单以及投标报价的重要依据,也是进行施工和验收的依据。通常招标时的图纸并不是工程所需的全部图纸,在投标人中标后还会陆续发布新的图纸以及对招标时图纸的修改。因此,在招标文件中,除了附上招标图纸外,还应该列明图纸目录。图样目录一般包括序号、图名、图号、版本号、出图日期等。图纸目录以及相应的图纸对施工过程的合同管理以及争议解决发挥着重要作用。

8. 技术标准和要求

技术标准和要求也是合同文件的组成部分。技术标准的内容主要包括各项工艺指标、施工要求、材料检验标准,以及各分部、分项工程施工完成后的检验和验收标准等。有些项目根据所属行业的习惯,也将构成子项目的计量支付内容写进技术标准和要求中。项目的专业特点和所应用的行业标准的不同,决定了不同项目的技术标准和要求存在区别,同一项技术指标,可引用的行业标准和国家标准可能不止一个,招标文件可以引用,有些大型项目还有必要将其作为专门的科研项目来研究。

9. 投标文件格式

投标文件格式的主要作用是为投标人编制投标文件提供固定的格式和编排顺序,以规范投标文件的编制,同时便于评标委员会评标。

2.5.3 典型案例

【案例背景】

北京市政府已批准兴建一所医院工程,现就该工程的施工面向社会公开招标,市政府

委托当地一家具备招标代理机构进行招标事宜,包括编制招标文件,在编制招标文件中,发生以下争执。

事件1:项目经理认为招标文件中的合同条款是基本的粗略条款,只需将政府有关管理部门出台的施工合同示范文本添加项目基本信息后附在招标文件中即可。

事件2:该代理机构企业技术负责人在审核项目成果文件时,发现项目工程量清单中存在漏项,要求作出修改。项目经理解释认为第二天需要向委托人提交成果文件且合同条款中已有关于漏项的处理约定,故不用修改。

问题:上述事件中项目经理和企业技术负责人的做法正确吗?

【案例解析】

事件1:项目经理的观点错误,合同条款是投标人报价的依据,咨询机构应参照合同示范文本并结合该项目特点、业主的要求及实际情况等编制项目合同条款,招标文件应附完整的合同条款(或咨询机构应参照合同示范文本并结合该项目特点、业主的要求及实际情况等编制项目完整的合同条款)。

事件2:企业技术负责人做法妥当,工程量清单的准确性和完整性由招标人负责。项目经理的观点不妥,漏项可能造成合同履行期间的价款、工期等方面的调整或纠纷,发现漏项时,项目经理应及时组织修改。

2.5.4 典型训练

扫描下方二维码,完成典型训练。

任务 2.6 编制标底与招标控制价

2.6.1 编制标底

1. 标底的概念

标底即为招标项目的底价,是招标人购买工程、货物、服务的预算价格。工程标底主要用于评标时分析各投标报价的差异情况,可以发现和防止投标人恶意竞争报价。

我国《招标投标法》并未明确规定招标工程是否必须设置标底价格,招标人可根据工程实际情况自行确定是否需要编制标底。一般情况下,即使采用无标底招标方式进行工程招标,招标人在招标时仍需对招标工程的建造费用作出估计,使心中有一个基本价格底数,同时可以对各个投标价格的合理性作出合理的判断。

对设置标底的招标工程,标底价格是招标人的预期价格,对工程招标阶段的工作起到参考作用。因此,标底必须以严肃认真的态度和科学合理的方法进行编制,应当实事求是,综合考虑和体现发包人和承包人的利益,编制切实可行的标底,方可真正发挥标底价格的作用。一个工程只能编制一个标底。标底编制完成后,直至开标时,所有接触过标底的人员均负有保密责任,不得泄露。

2. 标底的编制依据

工程标底价格一般依据工程招标文件的发包内容范围和工程量清单,参照现行有关工程消耗定额和人工、材料、机械等要素的市场平均价格,结合常规施工组织设计方案编制。各类工程建设项目标底编制的主要强制性、指导性或参考性依据如下:

(1) 各行业建设工程工程量清单计价规范;

(2) 国家或省级行业建设主管部门颁发的计价定额和计价办法;

(3) 建设工程设计文件及相关资料;

(4) 招标文件的工程量清单及有关要求;

(5) 工程建设项目相关标准、规范、技术资料;

(6) 工程造价管理机构或物价部门发布的工程造价信息或市场价格信息;

(7) 其他相关资料。

标底主要是评标分析的参考依据,编制标底的依据和方法没有统一的规定,一般根据招标项目的技术管理特点、工程发承包模式、合同计价方式等确定。

3. 标底文件的内容

标底文件主要包括以下内容。

(1) 标底的综合编制说明。

(2) 标底价格审定书、标底价格计算书、带有价格的工程量清单、现场因素、各种施工措施费的测算明细以及采用固定价格工程的风险系数测算明细等。

(3) 主要人工、材料、机械设备用量表。

(4) 标底附件:如各项交底纪要,各种材料及设备的价格来源,现场的地质、水文、地上情况的有关资料,编制标底价格所依据的施工方案或施工组织设计等。

(5) 标底价格编制的有关表格。

4. 标底的编制方法

《建筑工程施工发包与承包计价管理办法》(中华人民共和国建设部第 107 号令)第五条规定,施工图预算、招标标底、投标报价由成本、利润和税金构成,在编制时分部分项工程量单价可以是直接费单价,也可以是综合单价。

我国目前建设工程施工招标标底的编制,主要采用定额计价和工程量清单计价来编制。

1) 以定额计价法编制标底

定额计价法编制标底采用的主要是实物量法。用实物量法编制标底,主要先计算出直接费,即用各分项工程的实物工程量,分别套取预算定额中的人工、材料、机械消耗指标,并按类相加,求出单位工程所需的各种人工、材料、施工机械台班的总消耗量,然后分别乘以当时、当地的人工、材料、施工机械台班市场单价,求出人工费、材料费、施工机械使用费,再汇总求和。对于其他各类费用、计划利润和税金等费用的计算,则根据当地建筑市场的情况给予具体确定。

2）以工程量清单计价法编制标底

工程量清单计价法的单价采用的主要是综合单价。用综合单价编制标底价格,要按照国家统一的工程量清单计价规范,计算工程量和编制工程量清单。然后再估算分部分项工程综合单价,该综合单价是根据具体项目分别估算的,是标底编制方参照报价方的编制口径估算的。综合单价确定以后,填入工程量清单中,再与各分部分项工程量相乘得到合价,各合价相加得到分部分项工程费,再计算措施项目费、其他项目费、规费和税金,汇总之后即可得到标底价格。

5. 标底的审查

为了保证标底的准确和严谨,必须加强对标底的审查。审查标底的目的是检查标底价格编制是否真实、准确,标底价格如有漏洞,应予以调整和修正。如总价超过概算,应按照有关规定进行处理,不得以压低标底价格作为压低投资的手段。

1）标底审查的内容

（1）标底计价依据:承包范围、招标文件规定的计价方法及招标文件的其他有关条款。

（2）标底价格组成内容:工程量清单及其单价组成、直接费、其他直接费、有关文件规定的取费、调价规定以及税金、主要材料和设备需用数量等。

（3）标底价格相关费用:人工、材料、机械台班的市场价格,措施费（赶工措施费、施工技术措施费）、现场因素费用、不可预见费（特殊情况）,以及所测算的在施工周期内人工、材料、设备、机械台班价格波动的风险系数等。

2）标底审查的方法

标底价格的审查方法类似施工图预算的审查方法,主要有全面审查法、重点审查法、分解对比审查法、分组计算审查法、标准预算审查法、筛选法、应用手册审查法等。标底价格的审定时间一般在投标截止日后、开标之前,对于结构不太复杂的中小型工程在 7 天以内,结构复杂的大型工程在 14 天以内。

3）标底的审查单位

标底的审查有两种做法,一是报招标管理机构直接审查,二是由招标管理机构和各地造价管理部门委托当地 2～3 家资质较高、社会信誉较好、人员素质与能力较强的中介机构审查。招标人要求审查的时间比编制标底的时间更短,一般为 1～3 天。

2.6.2　编制招标控制价

1. 招标控制价的概念

招标控制价,也称拦标价、预算控制价、最高投标限价,是具有编制能力的招标人或受招标人委托的具有相应资质的工程造价咨询人,根据国家或省级行业建设主管部门颁发的有关计价依据和办法,以及拟定的招标文件和招标工程量清单,结合工程具体情况编制的招标工程的最高投标限价。

微课:招标控制价

2. 招标控制价的编制依据

在编制招标控制价时,通常依据以下资料进行:

（1）《建设工程工程量清单计价规范》（GB 50500—2013）;

（2）国家或省级行业建设主管部门颁发的计价定额和计价办法;

（3）建设工程设计文件及相关资料；

（4）招标文件中的工程量清单及有关要求；

（5）与建设项目相关的标准、规范、技术资料；

（6）工程造价管理机构发布的工程造价信息，工程造价信息没有的参照市场价格；

（7）其他的相关资料。

3. 招标控制价的文件内容

工程招标控制价文件应按照《建设工程工程量清单计价规范》（GB 50500—2013）附录中给出的规范格式进行编写，主要包括以下内容。

（1）招标控制价封面和扉页。

（2）工程计价总说明。

（3）工程计价汇总表，包括：建设工程招标控制价汇总表、单项工程招标控制价汇总表、单位工程招标控制价汇总表、建设项目竣工结算汇总表、单项工程竣工结算汇总表、单位工程竣工结算汇总表等。

（4）分部分项工程和措施项目计价表，包括：分部分项工程和单价措施项目清单与计价表、综合单价分析表、综合单价调整表、总价措施项目清单与计价表等。

（5）其他项目计价表，包括：其他项目清单与计价汇总表、暂列金额明细表、材料（工程设备）暂估单价及调整表、专业工程暂估价及结算价表、计日工表、总承包服务费计价表、索赔与现场签证计价汇总表、费用索赔申请（核准）表、现场签证表等。

（6）规费、税金项目计价表。

（7）主要材料、工程设备一览表，分为发包人主要材料、工程设备一览表和承包人主要材料、工程设备一览表。

各省、地区对招标控制价的编制方法与内容要求均做了详细的规定，对招标控制价公布的时间也做了相应的要求。

4. 招标控制价的编制方法

基于（招标）工程量清单，利用计价规范，收集有关资料，了解现场情况及市场行情，依次计算分部分项工程费、措施项目费等，并汇总形成招标控制价。

5. 招标控制价的审定和备案

与标底的事前审查不同，招标控制价是由招标人报工程所在地的工程造价管理机构事后备查。只有在国有资金投资的工程在招标过程中，当招标人编制的招标控制价超过批准的概算时，招标人才应将超过概算的招标控制价报原概算审批部门进行审核。审核内容类似综合单价法的标底审定。

2.6.3 典型案例

【案例背景】

某市政府投资综合交通项目，其中甲项目为河海连接工程，乙项目为公路路基工程，拟定工期为 2 年。主管部门对甲项目委托具有相应资质的招标代理公司采用工程量清单方式招标，对投标人进行资格预审。建设单位发布的招标控制价为 9000 万元，且规定低于招标控制价15%的投标报价视为低于成本报价。

问题：本案例中关于招标控制价的规定是否合理？

【案例解析】

（1）规定的招标控制价为9000万元，妥当。理由：国有资金投资的工程建设项目招标人应编制招标控制价。

（2）规定低于招标控制价15%的投标报价视为低于成本报价，不妥。理由：招标人不得规定最低投标限价。

2.6.4 区分标底与招标控制价

1. 适用范围不同

一般来说，标底适用于有标底招标，招标控制价适用于无标底招标。根据我国法律规定，招标人可根据项目特点决定是否编制标底，任何单位和个人不得强制招标人编制或报审标底，或干预其确定标底，即招标人编制标底是任意性规定。而国有资金投资的工程建设项目应实行工程量清单招标，应编制招标控制价，属于强制性规定。推行工程量清单计价方法是我国与国际惯例接轨的必然要求，我国建设工程计价也将逐渐转变为清单计价，有标底招标将会逐渐淡出工程领域。

2. 作用不同

标底价格是招标项目的预期价格和拟控制价格，是给上级主管部门提供核实项目建设规模的依据，也是评标定标时分析投标报价合理性、平衡性、偏差性的标准。有效投标价和中标价可能高于标底，但是，标底不能作为评定投标报价有效性和合理性的唯一直接依据。《招标投标法实施条例》第五十条规定："标底只能作为评标的参考，不得以投标价是否接近标底作为中标条件，也不得以投标报价超过标底上下浮动范围作为否决投标的条件。"招标控制价的作用主要是起拦标线作用，即招标控制价是招标人在工程招标时能接受投标人报价的最高限价。

3. 审查内容和机构不同

工程招标的标底价格应该报招标管理机构审查，未经审查的标底一律无效。对于国有资金投资的工程建设项目，招标人则应将招标控制价报工程所在地或有该工程管理权的行业管理部门工程造价管理机构备查。当编制的招标控制价超过批准的概算时，招标人应将超过概算的招标控制价报原概算审批部门进行审核。另外，《建设工程工程量清单计价规范》(GB 50500—2013)第5.3.1条规定，投标人经复核认为招标人公布的招标控制价未按照规范的规定进行编制的，应在招标控制价公布后5天内向招投标监督机构和工程造价管理机构投诉。第5.3.8条规定，当招标控制价复查结论与原公布的招标控制价误差大于±3%时，应当责令招标人改正。

4. 公开与否不同

设置标底的，标底编制过程和标底必须保密，即标底是密封的，开标时方可公布；而《建设工程工程量清单计价规范》(GB 50500—2013)第5.1.4条和第5.1.6条规定，招标控制价应在发布招标文件时公布，不应上调或下浮。

2.6.5 典型训练

扫描下方二维码,完成典型训练。

任务 2.7 组织现场考察与标前会议

2.7.1 组织现场考察

现场考察的目的在于使投标人了解工程场地和周围环境情况,以获取投标人认为有必要的信息。为便于投标人提出问题并得到解答,现场考察一般安排在标前会议前的 1～2 天。投标人在考察现场中如有疑问,应在标前会议前以书面形式向招标人提出,但应给招标人留有解答时间。

现场考察主要注意以下几种情况:

(1) 施工现场是否达到招标文件规定的条件;

(2) 施工现场的地理位置和地形、地貌;

(3) 施工现场的地质、土质、地下水位、水文等情况;

(4) 施工现场气候条件,如气温、湿度、风力、年雨雪量等;

(5) 现场环境,如交通、饮水、污水排放、生活用电、通信等;

(6) 工程在施工现场中的位置或布置;

(7) 临时用地、临时设施搭建等。

招标人根据招标项目的具体情况,可以组织潜在投标人考察项目现场,招标人向投标人介绍工程现场和周围环境情况。潜在投标人依据招标人介绍的情况作出判断与决策,投标人作出的判断与决策均由投标人自行负责。需要注意的是,招标人可以组织现场考察,但非必需,而招标人不得单独或分别组织任何一个投标人进行现场考察。

2.7.2 组织标前会议

组织标前会议的目的在于澄清招标文件中的疑问,解答投标人对招标文件和现场考察中所提出的疑问。此外,在标前会议上还应对图纸进行交底和解释。

标前会议在招标管理机构的监督下,由招标人组织并主持召开。招标人在预备会上对招标文件和现场情况作介绍或解释,并解答投标人提出的疑问,包括书面提出的和预备会上口头提出的询问。标前会议结束后,由招标人整理会议记录和解答内容,报招标管理机构核准同意后,尽快以书面形式将问题及解答同时发送到所有获得招标文件的潜在投标人手中。

无论是招标单位以书面形式向投标单位发放的任何资料,还是投标单位提出的任何问题,均应以书面形式予以确认。

标前会议的程序如下:

(1)宣布标前会议开始;

(2)介绍参加会议的单位和主要人员;

(3)介绍问题解答人;

(4)解答投标人提出的问题:在招标文件中存在的疑问;在考察现场中提出的疑问;对施工图纸进行交底;

(5)通知有关事项;

(6)宣布会议结束。

2.7.3 典型训练

扫描下方二维码,完成典型训练。

学习笔记

项目提升训练

一、单选题

1. 公开招标也称无限竞争性招标，是指招标人以（　　）的方式邀请不特定的法人或者其他组织投标。

    A. 投标邀请书　　　　　B. 合同谈判　　　　　C. 行政命令　　　　　D. 招标公告

2. 在依法必须进行招标的工程范围内，对于重要设备、材料等货物的采购，其单项合同估算价在（　　）万元人民币以上的，必须进行招标。

    A. 50　　　　　　　　B. 100　　　　　　　C. 150　　　　　　　D. 200

3. 《必须招标的工程项目规定》中规定勘察、设计、监理等服务的采购，单项合同估算价在（　　）万元人民币以上的，必须进行招标。

    A. 20　　　　　　　　B. 100　　　　　　　C. 150　　　　　　　D. 50

4. 招标文件发放给通过资格预审获得投标资格的投标单位。投标单位应当认真核对，核对无误后以（　　）形式予以确认。

    A. 会议　　　　　　　B. 电话　　　　　　　C. 口头　　　　　　　D. 书面

5. 一项工程采用邀请招标时，参加投标的单位不得少于（　　）家。

    A. 2　　　　　　　　　B. 3　　　　　　　　　C. 4　　　　　　　　　D. 7

6. 招标代理机构的性质为（　　）。

    A. 负责监督管理招标代理的咨询机构

    B. 从事招标代理业务并提供相关服务的中介组织

    C. 负责招标代理业务的机关法人

    D. 招标代理行业自律的民间组织

7. 我国《招标投标法》规定："依法必须进行招标的项目，招标人自行办理招标事宜的，应当向有关行政监督部门（　　）。"

    A. 申请　　　　　　　B. 备案　　　　　　　C. 通报　　　　　　　D. 报批

8. 应当招标的工程建设项目，根据招标人是否具有（　　），可以将组织招标分为自行招标和委托招标两种情况。

    A. 招标资质

    B. 招标许可自行招标和委托招标两种情况

    C. 招标的条件与能力

    D. 评标专家

9. 《招标投标法》规定，投标人在（　　），可以补充、修改或者撤回已经提交的投标文件，并书面告知招标人。

    A. 招标文件要求提交投标文件的截止时间之前

    B. 投标截止时间之后至投标有效期满之前

    C. 招标文件要求提交投标文件的截止时间之后

    D. 招标文件编制之后至投标有效期满之前

10. 根据《招标投标法》，下列工作应当在招标前完成的是（　　）。

A. 编制资格预审申请文件   B. 组建评标委员会

C. 完成资格预审评审   D. 落实项目所需的资金或资金来源

11. 招标公告应当载明的内容不包括( )。

    A. 招标人的名称和地址

    B. 招标项目的性质、数量、实施地点和时间

    C. 获取招标文件的办法

    D. 最高限价

12. 资格预审的评审工作结束后,由资格审查委员会编制资格评审报告,其内容不包括( )。

    A. 资格审查基本情况

    B. 申请人未通过资格预审的主要理由及相关证明

    C. 资格审查记录表等附件

    D. 资格预审公告

13. 根据《招标投标法》,下列项目中可以不进行招标的是( )。

    A. 大型基础设施项目

    B. 国外资金占工程投资总额超过一半的项目

    C. 施工企业自建自用的工程,且该施工企业资质等级符合工程要求的

    D. 部分由国家投资建设的项目

14. 资格预审是指在( )对资格预审申请人进行的资格审查。

    A. 公告时   B. 投标前   C. 开标时   D. 公示前

15. 招标人采用资格后审方式进行资格审查的,应当在开标后由( )按照招标文件规定的标准和方法对投标人的资格进行审查。

    A. 评标委员会   B. 资审委员会

    C. 招标人   D. 招标投标监督机构

二、多选题

1. 根据我国《招标投标法》规定,招标方式分为( )。

    A. 公开招标   B. 协议招标   C. 邀请招标

    D. 指定招标   E. 行业内招标

2. 下列( )等特殊情况,不适宜进行招标的项目,按照国家规定可以不进行招标。

    A. 涉及国家安全、国家秘密项目

    B. 抢险救灾项目

    C. 利用扶贫资金实行以工代赈需要使用农民工等特殊情况的项目

    D. 使用国际组织或者外国政府资金的项目

    E. 生态环境保护项目

3. 工程建设项目公开招标范围包括( )。

    A. 全部或者部分使用国有资金投资或者国家融资的项目

    B. 施工单项合同估算价在 100 万元人民币以上的项目

    C. 关系社会公共利益、公众安全的大型基础设施项目

D. 使用国际组织或者外国政府资金的项目

E. 关系社会公共利益、公众安全的大型公用事业项目

4. 下列事宜中,依法可由招标代理机构承担的包括(　　)。

A. 编写评标报告　　　　B. 发出招标文件　　　　C. 出售资格预审文件

D. 编写资格审查报告　　E. 编制招标控制价

5. 投标邀请书的内容应载明(　　)等事项。

A. 招标项目的性质、数量　　　　　　B. 招标人的名称和地址

C. 招标项目的实施地点和时间　　　　D. 获取招标文件的办法

E. 招标人的资质证明

6. 根据《招标投标法》有关规定,下列建设项目中必须进行招标的有(　　)。

A. 利用世界教科文组织提供的资金新建教学楼工程

B. 某省会城市的居民用水水库工程

C. 农村自建房

D. 某城市利用国债资金的垃圾处理场项目

E. 某住宅楼因资金缺乏停建后恢复建设,且承包人仍为原承包人

7. 招标文件应包含的内容有(　　)。

A. 必须对招标项目划分标段　　　　　B. 招标项目的技术要求

C. 对投标人资格审查的标准　　　　　D. 投标报价要求和评标标准

E. 拟签订合同的主要条款

8. 按照《招标投标法》规定,可以不进行招标的项目有(　　)。

A. 涉及国家安全、国家秘密项目　　　B. 抢险救灾项目

C. 重大突发事件项目　　　　　　　　D. 利用扶贫资金实行以工代赈项目

E. 需要使用农民工项目

9. 根据《招标投标法》规定,招标程序包括(　　)。

A. 招标前准备　　　B. 招标公告　　　C. 确定投标人名单

D. 发售招标文件　　E. 开标评标

10. 根据《招标投标法实施条例》,国有资金占控股或者主导地位的依法必须进行招标的项目,应当公开招标;但可以邀请招标的情形有(　　)。

A. 采用公开招标方式的费用过高

B. 需要采用不可替代的专利或者专有技术

C. 技术复杂,只有少量潜在投标人可供选择

D. 有特殊要求或者受自然环境限制,只有少量潜在投标人可供选择

E. 采购人依法能够自行建设、生产或者提供

三、简答题

1. 根据《招标投标法》规定,必须招标的情形包括哪些?

2. 公开招标的主要流程有哪些?

3. 标底与招标控制价的区别是什么?

4. 常用的合同计价方式有哪些?

　　5.招标控制价的编制依据有哪些?

四、案例分析题

　　1.某工程项目批准立项后进行招标,经招标工作领导小组研究决定了招标程序,招标过程中出现了以下问题。

　　(1)招标文件规定本地单位参加投标不需要垫资,外地区单位参加投标的需要垫资50万元。市建管办指定天马公司为其委托代理招标事务,并负责主持投标预备会议与开标会议。四家单位参加投标,其中红星、蓝天公司为长期合作伙伴,作为不同的法人单位参加多次投标都采用你高我低的合作方法争取中标,取得明显效果。黄河公司在投标截止时间之前的新方案(1月10日10:00)在原方案报价的同时提出报价降低的新技术施工方案,招标方以"一标一投"为由拒绝该公司投标。

　　(2)白水公司在1月9日从邮局寄回投标文件,招标人于1月11日10:00收到,招标方认为此标书为无效投标文件。

　　问题:(1)简述招标工作程序。

　　(2)按照目前国内招标投标管理规定,上述事件中哪些是正确的? 哪些是错误的?

　　2.某火力发电厂工程,业主采用交钥匙合同。为此,业主依法进行了公开招标,并委托某监理公司代为招标。在该工程招标过程中,相继发生了下述事件。

　　事件一:招标公告发布后,有10家单位参加了资格预审报名。监理人员经过对这10家单位进行资格审查,确定A、B、C、D、E、F6家单位为投标人。但业主认为B公司拟采用的锅炉本体不是由本地企业生产的,指示监理人员不得向B公司发售招标文件。

　　事件二:在现场考察中,C公司的技术人员对现场进行了补充考察,并当场向监理人员指出招标文件中地质资料有误。监理人员则口头答复:"如果招标文件中的地质资料确属错误,可按照贵公司考察数据编制投标文件。"

　　事件三:投标人D在编制投标书时,按照招标文件要求的合同工期进行了编标报价,并于投标截止日期前两天将投标书报送招标人。在投标截止时间前3小时,D公司又提交一份降价补充文件。但招标工作人员以"一标一投"为由拒绝接受该减价补充文件。

　　问题:(1)在事件一中,业主的做法是否妥当? 为什么?

　　(2)在事件二中,有关人员的做法是否妥当? 为什么?

　　(3)在事件三中,是否存在不妥之处? 请指出,并说明理由。

项目 3 建设工程投标

项目学习导图

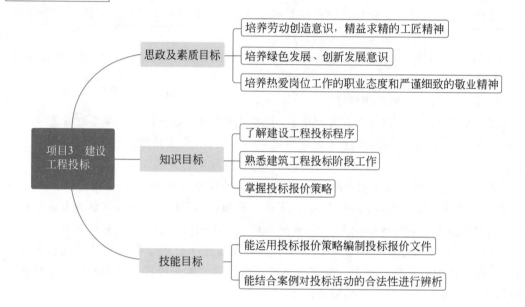

思政及素质目标
- 培养劳动创造意识，精益求精的工匠精神
- 培养绿色发展、创新发展意识
- 培养热爱岗位工作的职业态度和严谨细致的敬业精神

项目3 建设工程投标

知识目标
- 了解建设工程投标程序
- 熟悉建筑工程投标阶段工作
- 掌握投标报价策略

技能目标
- 能运用投标报价策略编制投标报价文件
- 能结合案例对投标活动的合法性进行辨析

工程项目引例

投标文件被拒收还是"投标人"吗？

【项目背景】

某水利喷微灌工程项目招标,招标文件要求投标人必须是具备灌溉丙级及以上资质的独立法人。开标当天,共有甲、乙、丙三家投标企业递交了投标文件,丙企业因投标文件密封不符合要求而被拒收,丙企业重新进行了密封包装,但已超过投标截止时间。因此至投标截止时,只有甲、乙两家企业成功递交了投标文件。

现场监督人员认为,本次招标的投标人不足三个,应当重新招标。理由是,丙企业并没有成功地递交投标文件,因此也没有进入实质性竞争阶段,不构成参与实质性竞争,因此不能被认定为"投标人",根据《招标投标法》第二十八条规定:"投标人少于三个的,招标人应当依照本法重新招标。"《招标投标法实施条例》第四十四条也规定:"投标人少于三个的,不得开标;招标人应当重新招标。"

招标人认为,丙企业响应了本次招标并制作了投标文件,且在规定的时间到达开标现场参加投标竞争,只是因密封不合格没有进入技术、商务竞争环节,但这种情况不影响其已经响应招标并参加投标竞争的事实,因此本项目的实际投标人应该是三个不是两个,不应该重新招标。那么,投标文件被拒收,丙企业还是"投标人"吗?应该如何解决?

【评析启示】

双方的理解分歧在于对丙企业是否为"投标人"的判定,是以"递交投标文件的行为"为准,还是以"投标文件是否递交成功"为准。如果以"递交行为"为准,丙企业是投标人,开标程序可以继续进行;如果以"递交成功"为准,则该项目投标人不足三个,不得开标,应当重新招标。

《招标投标法》第二十五条规定:"投标人是响应招标、参加投标竞争的法人或者其他组织。"根据这个定义,投标人应当同时具备以下三个条件:一是响应招标,即潜在投标人获取招标信息后要购买招标文件,并编制投标文件,准备参加投标活动。二是参加竞争,是指潜在投标人按照招标文件的要求提交投标文件,参与投标竞争。三是身份合法,即投标人应具有法人资格或者其他组织的身份。但是,关于"参加投标竞争"是指"有参加投标竞争的行为"还是指"参与到实质性的投标竞争阶段",《招标投标法》及其实施条例都没有作出明确规定。因此,要认定哪种判断标准更为合理,可以依据立法本意来理解。

从立法本意来看,《招标投标法》要求项目的投标人"不得少于三个",是为了保证必要的竞争程度。如果以"递交行为"为标准认定"投标人",则可能在实践中会出现如下情况:个别企业有递交投标文件的行为,但最终没能递交成功,造成最后进入实质性竞争环节的只有两家甚至只有一家。本案例中的情况即是如此,在这种情况下,很难保证必要的竞争程度。因此,从这个意义上理解,应以"成功递交投标文件并参与到技术、商务等方面的实质性竞争中"为标准认定"投标人",更符合《招标投标法》的立法本意。

综上所述,丙企业是否为"投标人"应以"是否成功递交投标文件"为标准判定,本案例投标人不足3个,应重新招标。

任务 3.1 建设工程投标准备工作

3.1.1 收集分析招标信息

1. 收集招标信息

及时获取准确的投标信息是投标工作的首要任务,随着信息技术的不断进步,获取投标信息的渠道也越来越多。大多数公开招标项目在国家指定的媒介刊登招标公告,但是经验告诉我们,如果等招标公告发布后再进行投标准备工作,则时间仓促,投标也处于被动状态。因此,投标人要注意提前进行资料积累和项目跟踪,可从以下几个方面获取招标信息。

(1)从投资主管部门、金融机构等获得具体项目规划信息。

(2)跟踪大型企业新建、扩建和改建项目计划信息。

(3)搜集同行业其他投标人了解到的项目信息。

(4)注重从报纸、杂志、网络等媒介获取招标信息。

2. 分析招标信息

投标人要认真研究获取的招标信息,对工程项目是否具备招标条件及项目业主的资信情况、偿付能力进行必要的调查研究,确认其信息的可靠性。投标人可通过与招标单位直接洽谈,查阅招标项目的立项批准文件、招标审批文件等方法证实招标信息的真实性。

3.1.2 投标决策

微课:应用规范进行招标文件审定及投标方案分析

1. 投标决策的含义

对投标人而言,在获取投标信息的基础上,经过前期的调查研究后,应结合自身实际情况作出决策。首先,需针对项目基本情况确定是否投标。其次,如果确定投标,投什么性质的标,是选择赢利,还是保本。最后,需根据确定的投标策略选择恰当的投标报价方法。

2. 投标决策的方法

面对竞争日趋激烈的工程承包市场,投标企业需充分考虑影响投标的各种因素后作出决策,判断的方法除结合自身经验进行定性分析以外,还可采用定量分析方法辅助决策,定量分析方法中常用的有评分法和决策树法。

1)评分法

拟投标企业首先对自己企业的客观条件进行认真的分析,列出若干需要考虑的指标,如表 3-1 所示,在每次投标前均围绕这些指标进行分析,以便客观地作出决策,通常按照以下步骤进行分析。

(1)按照指标对承包人完成该项目的相对重要性,分别为其确定权数。

(2)用指标对投标项目进行衡量,将各项指标分为好、较好、一般、较差、差五个等级,给各等级赋予定量数值,如以 1.0、0.6、0.8、0.4、0.2 打分。例如投标人的管理条件足以满足项目需要,则将标准条件打为 1.0 分;若管理条件几乎超负荷,则将标准打为 0.2 分。

表 3-1 评分法决策投标项目表

序号	投标考虑的指标	权重 ω	等级 c					指标得分 $c\omega$
			好 (1.0)	较好 (0.8)	一般 (0.6)	较差 (0.4)	差 (0.2)	
1	管理条件	0.15		√				0.12
2	技术条件	0.05	√					0.05
3	机械设备实力	0.15	√					0.15
4	对风险的控制能力	0.10				√		0.04
5	实现工期的可能性	0.10		√				0.08
6	资金支付条件	0.10					√	0.02
7	与竞争对手实力比较	0.10			√			0.06
8	与竞争对手积极性比较	0.05		√				0.04
9	今后的机会(社会效益)	0.05				√		0.02
10	劳务和材料条件	0.15		√				0.12
	总指标得分							0.70

（3）将各项指标权数与等级相乘，求出该指标得分。

（4）将总指标得分与过去投标情况做比较，或者和投标事先确定的准备接受的最低分数线（如 0.65）做比较。

2）决策树法

决策树是模仿树木生枝成长过程，以方框和圆圈为节点，并由直线连接而成的一种树枝形状的结构，其中方框代表决策点；圆圈代表机会点；从决策点画出的每条直线代表一个方案，叫作方案枝；从机会点画出的每条直线代表一种自然状态，叫作概率枝。决策树的原理如图 3-1 所示。

微课：应用决策树法进行投标方案选择

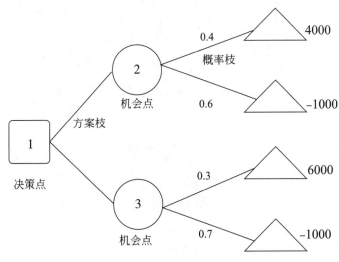

图 3-1　决策树原理示意

决策树法是适用于风险型决策分析的一种简便易行的实用方法，其特点是用一种树状图表示决策的过程，通过事件出现的概率和损益期望值的计算比较，可帮助决策者对行动方案作出选择。当投标人不考虑竞争对手的情况，仅根据自己的实力决定某些招标工程是否投标及如何报价时，则适用于决策树法进行分析。

3.1.3　典型案例

【案例背景】

某公司面临 A 工程项目投标，根据过去类似项目投标的经验数据，A 工程投高价标的中标概率为 0.25，投低价标的中标概率为 0.65，编制投标文件的费用为 5 万元，各方案管理的效果、概率及净损益情况见表 3-2。

表 3-2　各方案管理的效果、概率及净损益情况表

方案	效果	概率	净损益值	方案	效果	概率	净损益值
A 高	好	0.3	200	A 低	好	0.4	150
	差	0.7	50		差	0.6	30

问题：若 A 公司参与投标，选择投高价标还是低价标？

【案例解析】

第一步：画出决策树，如图 3-2 所示。

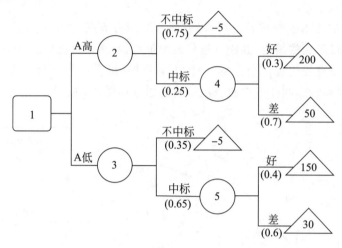

图 3-2　决策树示意

第二步：计算图中的各机会点的期望值。

机会点"4"：$200 \times 0.3 + 50 \times 0.7 = 95$（万元）

机会点"2"：$95 \times 0.25 - 5 \times 0.75 = 20$（万元）

机会点"5"：$150 \times 0.4 + 30 \times 0.6 = 78$（万元）

机会点"3"：$0.65 \times 78 - 5 \times 0.35 = 48.95$（万元）

第三步：比较机会点 2 和机会点 3 的期望值。

机会点"3"的期望值最大。

第四步：作出决策。

因为机会点"3"的期望值最大，所以应选择投 A 工程低价标。

3.1.4　组建投标工作班子

投标人确定参与投标竞争后应精心组建投标工作班子，通常由以下 3 类人员组成。

（1）决策人。其主要职责是作出项目报价策略，一般由总经济师、部门经理担任。

（2）技术负责人。其主要职责是带领团队制订施工方案和技术措施，一般由总工程师、技术部长担任。

（3）投标报价负责人。其主要职责是根据确定的项目报价策略、施工方案和技术措施，按照招标文件的要求，合理地计算制订项目的投标报价，一般由造价工程师或预算员担任。

当然，投标项目机构成员在投标工作中还需企业内部其他各部门的大力配合，才能有效完成投标工作，增加中标概率。

3.1.5 寻找合作单位

微课:什么是
联合体投标

在投标时,如果招标人允许以联合体形式参与投标,而投标人认为自己实力不强或者竞争优势不明显,则可以寻找合作单位,共同组成联合体参与投标。联合体投标是指两个以上法人或者其他组织组成一个联合体,以一个投标人的身份共同投标。

招标人接受联合体投标并进行资格预审的,联合体应当在提交资格预审申请文件前组成。资格预审后联合体增减、更换成员的,其投标无效。联合体各方在同一招标项目中以各自名义单独投标或者参加其他联合体投标的,相关投标均无效。

1. 联合体各方资质的要求

联合体各方均应当具备承担招标项目的相应能力,国家有关规定或者招标文件对投标人资格条件有规定的,联合体各方均应当具备规定的相应资格条件。由同一专业的单位组成的联合体,按资质等级较低的单位确定资质等级。

两个以上资质类别相同但资质等级不同的成员组成的联合体申请人,以联合体成员中资质等级最低者的资质等级作为联合体申请人的资质等级。

两个以上资质类别不同的成员组成的联合体,按照联合体协议中约定的内部分工分别认定联合体申请人的资质类别和等级,不承担联合体协议约定由其他成员承担的专业工程的成员,其相应的专业资质和等级不参与联合体申请人的资质和等级的认定。

2. 联合体各方责任承担

联合体各方应当签订共同投标协议,明确约定各方拟承担的工作和责任,并将共同投标协议连同投标文件一并提交给招标人。联合体中标的,联合体各方应当共同与招标人签订合同,就中标项目向招标人承担连带责任。

联合体各方应当指定牵头人,授权其代表所有联合体成员负责投标和合同实施阶段的主办、协调工作,并应当向招标人提交由所有联合体成员法定代表人签署的授权书。联合体投标的,应当以联合体各方或者联合体中牵头人的名义提交投标保证金,以联合体中牵头人名义提交的投标保证金,对联合体各成员具有约束力。

3.1.6 研究招标文件

投标人在取得招标文件后,需仔细认真地研究招标文件。因为招标文件具有法律法规性、全面性,体现了业主的意愿。只有在充分了解其内容实际要求的情况下,才能安排好后续的投标工作。故招标人必须认真研读招标文件,核对无误后以书面形式予以确认。

1. 研究目的

研究招标文件的目的有:①全面了解承包商在合同中的权利和义务;②深入分析承包商所需承担的风险;③缜密研究招标文件中的漏洞和疏忽,为制定投标策略寻找依据、创造条件。

2. 研究内容

在研究招标文件时,必须对招标文件进行逐字逐句地阅读和研究,要对招标文件中的各项要求有充分了解,因为投标时要对招标文件的全部内容有实质性的响应,如误解招标文件的内容会造成不必要的损失。因此,对其中含糊不清或相互矛盾的地方,可在投标截止日期之前以书面形式向招标人提出澄清要求。

1)通读招标文件

(1)研究工程项目的综合说明,熟悉工程全貌。

(2)熟悉并仔细研究工程的规划设计、设计图纸和技术说明书,为制订施工方案和报价提供确切的依据。

(3)弄清中标后的责任和报价范围,以免发生遗漏。

(4)注意有关时间方面的要求,如投标截止日期、投标有效期、开标日期、合同签订日期等。

(5)招标文件中有关保函或担保的规定,如担保的种类、额度、有效期、归还方法等。

(6)关于投标单位资质方面的要求,如是否必须具备以前承接过类似工程的经验。

(7)明确投标单位在投标过程中应遵守的程序、原则和有关事项,如投标书的格式、签署方式、密封方法等,避免造成废标。

(8)工期、质量、分包条件等要求。

2)研究评标方法

评标方法是招标文件的组成部分,是关系到中标的核心条款。对投标人来说,必须具有丰富的投标经验,并对全局有很好的把握才能做到综合得分最高。

3)研究合同条款

合同条款是招标文件的组成部分,双方的最终法律责任和履约价格的体现形式主要是合同。研究合同,首先需知道合同的构成及主要条款,主要从以下几个方面进行分析:

(1)工程款支付的时间、比例;

(2)履约保证金的缴纳方式、比例和退还时间;

(3)工程结算方法、方式、时间等;

(4)材料的供给方式、价格确定方式;

(5)工期和质量的要求,开工、竣工时间及工期惩罚等,都需认真研究,以减少风险。

4)研究招标工程量清单

招标工程量清单是招标文件的重要组成部分,作为投标人用以报价的工程量,也是编制招标控制价、投标报价、计算或调整工程量、索赔等的依据之一。招标工程量清单的准确性和完整性由招标人负责,因此,投标人必须分析招标工程量清单包括的具体内容并核对其工程量,研究各工程量在施工过程中及最终结算时是否会变更等情况。只有这样,投标人才能准确把握每一清单项目的内容范围,并作出正确的报价。

微课:招标中规范确定新型材料费,投标中规范处理项目特征与图纸不符

由于种种原因,招标工程量清单中的工程数量有时会和图纸中的数量存在不一致的现象。虽然单价合同中工程量错误的风险由招标人承担,但核实工程量有利于精确投标报价,提高中标概率,并运用不平衡报价法等报价技巧提高企业利润。

3.1.7 典型训练

扫描下方二维码,完成典型训练。

任务 3.2　投标报价的计算

3.2.1　投标报价的准备工作

微课：投标报价

1. 收集投标报价的主要依据

投标人进行投标报价的依据主要有以下几个方面：

(1) 招标文件，包括投标答疑文件；

(2)《建设工程工程量清单计价规范》(GB 50500—2013)、计价定额、费用定额以及各地有关工程造价的文件，有条件的企业应尽量采用企业施工定额；

(3) 劳动力、材料价格信息，包括由地方造价管理部门编制的造价信息；

(4) 地质报告、施工图，包括施工图指明的标准图集；

(5) 施工规范、标准；

(6) 施工方案和施工进度计划；

(7) 现场考察和环境调查所获得的信息；

(8) 当采用工程量清单招标时，应包括招标工程量清单。

2. 现场调查报价相关情况

现场调查是投标人进行投标报价的主要准备工作和重要依据之一。现场调查不全面、不细致，容易造成与现场条件有关的工作内容遗漏或者工程量计算错误。由于这种错误导致的损失，一般无法在合同履行中得到补偿。现场调查主要包括以下方面。

1) 自然地理条件

自然地理条件包括：施工现场的地理位置；地形、地貌；用地范围；气象、水文情况；地质情况；地震及抗震设防烈度；洪水、台风及其他自然灾害情况等。上述条件有的直接涉及风险费用的估算，有的则涉及施工方案的选择，从而影响工程直接费用的估算。

2) 市场情况

市场情况包括：建筑材料、施工机械设备、燃料、动力和生活用品的供应状况、价格水平与变动趋势；劳务市场状况；银行利率和外汇汇率等情况。对于不同建设地点，由于地理环境和交通条件的差异，价格变化会较大。因此，要准确估算工程造价，就必须对项目所在地的市场情况进行详细调查。

3) 施工条件

施工条件包括：临时设施、生活用地位置和大小；给水排水、供电、进场道路、通信设施现状；引接给水排水线路、电源、通信线路和道路的条件和距离；附近现有建(构)筑物、地下和空中管线情况；环境对施工的限制等。以上条件，有的直接关系到临时费的支出，有的与施工工期有关,有的与施工方案有关,或因涉及技术措施费,从而直接或间接影响工程造价。

4)其他条件

其他条件包括:交通运输条件、工地现场附近的治安情况等。交通运输条件直接关系到材料和设备的到场价格,对工程造价的影响十分显著;治安情况则关系到材料的非生产性损耗,因而也会影响工程成本。

3. 编制标前施工规划

标前施工规划是投标报价的基础和前提,在投标过程中,必须编制全面的施工规划,但其深度和范围都比不上施工组织设计。施工规划的内容一般包括施工方案和施工方法、施工进度计划、施工机械、材料、设备和劳动力计划,以及临时生产、生活设施。制定施工规划的依据是设计图纸,规范、已复核的工程量,招标文件要求的开工、竣工日期以及对市场材料、机械设备、劳动力价格的调查。

4. 复核招标工程量

工程量的大小是投标报价的直接依据,也是进行不平衡报价的主要依据。为确保工程计价的准确,必须复核招标工程量,在计算中应注意以下几个方面:

(1)核实招标工程量清单中造价比重大或工程量偏差大的子目;

(2)计算因施工方案(施工方法)影响而需额外(设计图中未能计算进去的)消耗的工程量;

(3)根据技术规范中计量与支付的规定,对部分折算的工程量应进行分解或合并(在折算过程中有时需要对设计图纸中的工程量进行分解或合并);

(4)按一定的顺序复核招标工程量,避免漏算或重算;

(5)以施工图为依据;

(6)结合已定的施工方案或施工方法。

3.2.2 投标报价的计算方法

投标报价的计算方法一般分为定额计价法和清单计价法。

1. 定额计价法

定额计价法是指按照工程预算定额划分分部分项工程,计算各分部分项工程的价格,从而确定投标报价。这种投标报价法的准确性较高,适合招标单位已经提供施工图纸的工程项目,这种方法又称为传统计价模式。

微课:应用法律法规进行投标报价及合同管理分析

2. 清单计价法

清单计价法是指投标人按照招标人提供的工程量清单,参照计价定额(理想的是依据企业编制的"企业定额"),结合企业的施工组织技术措施和物价水平计算工程造价。这种投标报价有利于竞争,促进施工生产技术发展。全部使用国有资金投资或以国有资金投资为主的项目,必须采用工程量清单计价。

3.2.3 投标报价的费用构成

建筑安装工程费的组成可以按照费用构成要素和工程造价形成来划分。

1. 按照费用构成要素划分

建筑安装工程费按照费用构成要素由人工费、材料（包含工程设备）费、施工机具使用费、企业管理费、利润、规费和税金组成。其中，人工费、材料费、施工机具使用费、企业管理费和利润包含在分部分项工程费、措施项目费、其他项目费中。

2. 按照工程造价形成划分

建筑安装工程费按照工程造价形成由分部分项工程费、措施项目费、其他项目费、规费、税金组成。其中，分部分项工程费、措施项目费、其他项目费包含人工费、材料费、施工机具使用费、企业管理费和利润。

1) 分部分项工程费

分部分项工程费是指各专业工程的分部分项工程应予列支的各项费用，各类专业工程的分部分项工程划分见现行国家或行业计量规范。

2) 措施项目费

措施项目费是指为完成建设工程施工，发生于该工程施工前和施工过程中的技术、生活、安全、环境保护等方面的费用。

3) 其他项目费

（1）暂列金额：是指建设单位在工程量清单中暂定并包括在工程合同价款中的一笔款项，用于施工合同签订时尚未确定或者不可预见的所需材料、工程设备、服务的采购，施工中可能发生的工程变更、合同约定调整因素出现时的工程价款调整，以及发生的索赔、现场签证确认等的费用。

（2）暂估价：是指建设单位在工程量清单中提供的用于支付必然发生但暂时不能确定价格的材料单价以及专业工程的金额，包括材料暂估价和专业工程暂估价。材料暂估价在清单综合单价中考虑，不计入暂估价汇总。

（3）计日工费：是指在施工过程中，施工企业完成建设单位提出的施工图纸以外的零星项目或工作所需的费用。

（4）总承包服务费：是指总承包人为配合、协调建设单位进行的专业工程发包，对建设单位自行采购的材料、工程设备等进行保管，以及施工现场管理、竣工资料汇总整理等服务所需的费用。

4) 规费

规费是指按照国家法律、法规规定，由省级政府和省级有关主管部门规定必须缴纳或计取的费用。

5) 税金

税金是指国家税法规定的应计入建筑安装工程造价内的增值税。

3.2.4 投标报价策略选用

投标报价策略是针对评标办法，在深入分析工程本身特点、竞争对手心态、企业实力和愿望的基础上，权衡竞争力、收益、风险之间的关系，从若干选择中确定最优报价。

确定最优报价是提高竞标能力的关键之一,在最优报价条件下,施工承包商既有中标机会,又能获取较为可观的利润。目前,投标人通常选用不平衡报价法、多方案报价法、增加建议方案法、突然降价法、先亏后盈法等投标。

1. 不平衡报价法

不平衡报价法是在总的报价保持不变的前提下,与正常水平相比,有意识地提高某些分项工程的单价,同时,降低另外一些分项工程的单价,以期在工程结算时得到最理想的经济效益。

虽然不平衡报价对投标人可以降低一定的风险,但报价必须要建立在对工程量清单表中的工程量风险仔细核对的基础上,特别是对于降低单价的项目。如工程量一旦增多,将造成投标人的重大损失,同时一定要控制在合理幅度内,一般控制在10%以内,以免引起招标人反对,甚至导致因个别清单项报价不合理而废标。

2. 多方案报价法

除招标文件另有规定外,投标人不得递交备选投标方案。允许投标人递交备选投标方案时,中标人所递交的备选投标方案方可予以考虑。评标委员会认为中标人的备选投标方案优于其按照招标文件要求编制的投标方案的,招标人可以接受该备选投标方案。

多方案报价法即按原招标条件报一个价,然后再提出如果基本条款做某些变动,报价可降低的额度,这样可以降低总价,吸引业主。投标人应组织一批有经验的设计和施工方面的工程师,对原招标文件中的设计和施工方案仔细研究,提出更理想的方案以吸引业主,促使自己的方案中标。这种新的建议可以降低总造价,或提前竣工,或使工程运用更合理,但要注意对原招标方案也需进行报价,以供业主比较。

3. 增加建议方案法

有时招标文件中明确规定,投标人可以另行提出一个建议方案,即可以修改原设计方案,最后对原设计方案和建议方案都进行报价。增加建议方案时,不需要将方案写得太过具体,应该保留方案的技术关键,防止业主将此方案交给其他承包商,同时要强调的是,建议方案一定要比较成熟,或过去有这方面的经验。

4. 突然降价法

投标报价是一件保密工作,但是竞争对手往往通过各种渠道、手段刺探情报,因此在报价时可以采用迷惑对手的手法,即先按一般情况报价或表现出自己对该工程兴趣不大,到投标快截止时,再突然降价。使用这种方法,一定要在准备投标的过程中考虑好降价方案,在临近投标截止日期前,根据情报分析再作出最终决策。

5. 先亏后盈法

对大型分期建设工程,在第一期工程投标时,可以将部分间接费分摊到第二期中去,计算利润以争取中标。在第二期工程投标时,凭借第一期工程的经验、临时设施以及建立的信誉,比较容易拿到第二期工程。有时招标文件规定,对某些技术规格指标的评标,投标人提供优于规定的指标值时,评标时能给予适当的评标奖励。投标人应根据业主比较注重的指标适当地优于规定标准,从而有利于在竞争中取胜,但要注意技术性能优于招标规定,将导致报价相应上涨。如果投标报价过高,则即使获得评标奖励,也难以与报价上涨的部分相抵,这样评标奖励也就失去了意义。

总之,在当今招投标市场竞争异常激烈的情况下,任何建筑施工企业都必须重视对投标报价决策问题的研究,作出恰当的报价决策,选择适合的报价方法。

3.2.5　典型案例

【案例背景】

某承包人通过资格预审后,对招标文件进行了仔细分析,发现业主所提出的工期要求过于苛刻,且合同条款中规定每拖延1天工期罚合同价的1‰。若要按照该工期要求,必须采取特殊措施,从而大大增加成本,承包人还发现原设计结构方案采用框架-剪力墙体系过于保守。因此,该承包人在投标文件中说明业主的工期要求难以实现,因而按自己认为的合理工期(比业主要求的工期增加6个月)编制施工进度计划并据此报价;还建议将框架-剪力墙体系改为框架体系,并对这两种结构体系进行了技术经济分析和比较,证明框架体系不仅能保证工程结构的可靠性和安全性、增加使用面积、提高空间利用的灵活性,而且可降低造价约3%。

该承包人将技术标和商务标分别封装,在封口处加盖本单位公章并项目经理签字后,在投标截止日期的前1天上午,将投标文件报送业主。次日(即投标截止日当天)下午,在规定的开标时间前1小时,该承包人又递交了一份补充材料,该补充材料中声明将原报价降低4%。

开标会由市招投标办的工作人员主持,市公证处有关人员到会,各投标单位代表均到场。开标前,市公证处人员对各投标单位的资质进行审查,并对所有投标文件进行审查,确认所有投标文件均有效后,正式开标。主持人宣读投标单位名称、投标价格、投标工期和有关投标文件的重要说明。

问题:案例中该承包人运用了哪几种报价技巧?其运用得是否得当?请逐一加以说明。

【案例解析】

承包人运用了三种报价技巧,即多方案报价法、增加建议方案法和突然降价法。

其中,多方案报价法运用不当,因为运用该报价技巧时,必须对原方案(本案例指业主的工期要求)报价,而该承包人在投标时仅说明了该工期要求难以实现,却并未报出相应的投标价。

增加建议方案法运用得当,通过对两个结构体系方案的技术经济分析和比较(这意味着对两个方案均进行报价),论证了建议方案(框架体系)的技术可行性和经济合理性,对业主有很强的说服力。

突然降价法也运用得当,原投标文件的递交时间比规定的投标截止时间仅提前1天多,这既符合常理,又为竞争对手调整、确定最终报价留有一定的时间,起到了迷惑竞争对手的作用。若提前时间太多,则会引起竞争对手的怀疑,而在开标前1小时突然递交一份补充文件,这时竞争对手已不可能再调整报价了。

3.2.6 典型训练

扫描下方二维码,完成典型训练。

任务 3.3 投标文件的编制与递交

3.3.1 投标文件的组成

投标文件应当对招标文件提出的实质性要求和条件作出响应。投标文件一般主要包括投标函、投标报价、施工组织设计、商务和技术偏差表等。就投标文件的各个组成部分而言,投标函是最重要的文件,其余都是投标函的支持性文件,投标函必须加盖单位公章并经法定代表人或其委托代理人签字或盖章,并且在开标会上当众宣读。

《标准施工招标文件》中指出,投标文件应由以下几部分组成:

(1) 投标函及投标函附录;

(2) 法定代表人身份证明或附有法定代表人身份证明的授权委托书;

(3) 联合体协议书(若有);

(4) 投标保证金;

(5) 已标价工程量清单;

(6) 施工组织设计;

(7) 项目管理机构;

(8) 拟分包项目情况表;

(9) 资格审查资料(招标实行资格后审的情况或资格预审更新资料);

(10) 投标人须知前附表规定的其他材料。

上述内容中除第(6)项施工组织设计称为投标文件的技术部分,其余均称为投标文件的商务部分。

3.3.2 编制投标文件

1. 编写投标函及投标函附录

投标函及其附录是投标人为响应招标文件相关要求所做的概括性函件,一般位于投标文件的第一部分,其内容、格式必须符合招标文件的规定。

工程投标函包括投标人告知招标人本次所投的项目具体名称和具体标段,以及本次投标的报价、承诺工期和达到的质量目标等,投标函的格式如下。

投标函

_____(招标人名称):

　1. 我方已仔细研究了_____(项目名称)_____标段施工招标文件的全部内容,以人民币(大写)_____元(￥_____)的投标总报价,工期_____日历天,按合同约定实施和完成承包工程,修补工程中的任何缺陷,工程质量达到_____ 。

　2. 我方承诺在投标有效期内不修改、撤销投标文件。

　3. 随同本投标函提交投标保证金一份,金额为人民币(大写)_____元(￥_____)。

　4. 如我方中标:

　(1) 我方承诺在收到中标通知书后,在中标通知书规定的期限内与你方签订合同;

　(2) 随同本投标函递交的投标函附录属于合同文件的组成部分;

　(3) 我方承诺按照招标文件规定向你方递交履约担保;

　(4) 我方承诺在合同约定的期限内完成并移交全部合同工程。

　5. 我方在此声明,所递交的投标文件及有关资料内容完整、真实和准确,与"投标人须知"中有关规定一致。

　6. _____(其他补充说明)。

投 标 人(盖单位章):_____

法定代表人或其委托代理人(签字或盖章):_____

日期:_____年_____月_____日

投标函附录一般附于投标函之后,共同构成合同文件的重要组成部分,主要内容是对投标文件中涉及关键性或实质性的内容条款进行说明或强调。

投标人填报投标函附录时,在满足招标文件实质性要求的基础上,可以提出比招标文件要求更有利于招标人的承诺,一般以表格形式摘录列举。投标函附录除对合同重点条款摘录外,也可结合项目的特点和需要,并根据合同执行者重视的内容进行摘录。投标函附录的格式如表 3-3 所示。

表 3-3　投标函附录

序号	条款内容	合同条款号	约定内容	备注
1	项目经理		姓名:_____	
2	工期		_____日历天	
3	缺陷责任			
4	承包人履约担保金额			

续表

序号	条款内容	合同条款号	约定内容	备注
5	逾期竣工违约金		_____元/天	
6	质量标准			
7	价格调整的差额计算			
8	预付款额度			
9	预付款包含金额			
10	质量保证金扣留百分比			
11	质量保证金			
⋮	⋮			

2. 法定代表人身份证明或其授权委托书

法定代表人身份证明适用于法定代表人亲自投标而不委托代理人投标,用以证明投标文件签字的有效性和真实性。法定代表人身份证明应加盖投标人的法人印章,法定代表人身份证明的格式如下。

法定代表人身份证明

投标人:_____

单位性质:_____

地址:_____

成立时间:_____年_____月_____日

经营期限:_____

姓名:_____ 性别:_____

年龄:_____ 职务:_____

系_____(投标人名称)的法定代表人。

特此证明。

投标人(盖单位章):_____

日期:_____年_____月_____日

授权委托书适用于法定代表人不亲自投标,而是委托代理人投标,授权委托书一般规定代理人不能再次委托,即代理人无转委托权。法定代表人应在授权委托书上亲笔签名,授权委托书的格式如下。

授权委托书

本人_____(姓名)系_____(投标人名称)的法定代表人,现委托_____(姓名)为我方代理人。代理人根据授权,以我方名义签署、澄清、说明、补正、递交、撤回、修改_____(项目名称)_____施工投标文件、签订合同和处理有关事宜,其法律后果由我方承担。

委托期限:_____

代理人无转委托权。

附:法定代表人身份证明。

投标人(盖单位章):_____

法定代表人(签字):_____

身份证号码:_____

委托代理人(签字):_____

身份证号码:_____

日期:_____年_____月_____日

---

3. 联合体协议书

联合体是共同投标并在中标后共同完成中标项目而组成的临时性组织,不具有法人资格。如果是共同注册并进行长期经营活动的"合资公司"等法人形式的联合体,则不属于此处所称的联合体。以联合体身份参与投标的,均应签署并提交联合体协议书。

联合体协议书的内容如下。

(1)联合体成员的数量:联合体协议书中首先必须明确联合体成员的数量,其数量必须符合招标文件的规定,否则将视为不响应招标文件规定而作为废标。

(2)牵头人和成员单位名称。

(3)联合体协议中牵头人和各方职责、权利及义务的约定。

(4)联合体内部分工,约定联合体各方拟承担的具体工作。

(5)签署。联合体协议书应按招标文件规定进行签署和盖章。

联合体协议书

_____（所有成员单位名称）自愿组成_____（联合体名称）联合体，共同参加_____（项目名称）_____标段施工投标。现就联合体投标事宜订立如下协议：

1. _____（某成员单位名称）为_____（联合体名称）牵头人。

2. 联合体牵头人合法代表联合体各成员负责本招标项目投标文件编制和合同谈判活动，并代表联合体提交和接收相关的资料、信息及指示，并处理与之有关的一切事务，负责合同实施阶段的主办、组织和协调工作。

3. 联合体将严格按照招标文件的各项要求递交投标文件，履行合同，并对外承担连带责任。

4. 联合体各成员单位内部的职责分工如下：_____

5. 本协议书自签署之日起生效，合同履行完毕后自动失效。

6. 本协议书一式_____份，联合体成员和招标人各执一份。

牵头人名称（盖单位章）：_____

法定代表人或其委托代理人（签字）：_____

成员一名称（盖单位章）：_____

法定代表人或其委托代理人（签字）：_____

成员二名称（盖单位章）：_____

法定代表人或其委托代理人（签字）：_____

日期：_____年_____月_____日

4. 投标保证金

招标人通常不希望投标人在投标有效期内随意撤回标书或中标后不能提交履约保证金和签署合同。因此，为了约束投标人的投标行为，保护招标人的利益，维护招投标活动的正常秩序，招标人通常会要求投标人提供投标保证金，并作为投标文件的组成部分之一。

1）投标保证金的形式

投标保证金可以采用现金支票、银行保函、担保公司担保书、同业担保书等形式，多数情况下使用现金支票和银行投标保函担保形式，具体方式由招标人在招标文件中规定。

2）投标保证金的金额和有效期

根据《工程建设项目施工招标投标办法》，投标保证金不得超过项目估算价的2%，但最高不得超过80万元人民币。投标保证金有效期应当超出投标有效期30天。

根据《招标投标法实施条例》，投标保证金不得超过项目估算价的2%，投标保证金有效期应当与投标有效期一致。

根据《工程建设项目勘察设计招标投标办法》，招标文件要求投标人提交投标保证金的，保证金数额不得超过勘察设计估算费用的2%，最多不超过10万元人民币。

3）投标保证金的提交

投标保证金作为投标文件的有效组成部分，投标人若不按招标文件要求提交投标保证金的，其投标文件作废标处理。依法必须进行招标的项目的境内投标单位，以现金或者支票形式提交的投标保证金应当从其基本账户转出，必须划拨到招标人指定账户，否则视为投标保证金无效。联合体投标，投标保证金可以由联合体各方共同提交或由联合体中的一方提交，对联合体各方均具有约束力。

投标保证金的格式如下。

投标保证金

_____（招标人名称）：

鉴于_____（投标人名称）（以下简称"投标人"）参加你方_____（项目名称）的施工投标，_____（担保人名称）（以下简称"我方"）受该投标人委托，在此无条件的不可撤销的保证：一旦收到你方提出的下述任何一种事实的书面通知，在 7 日内无条件地向你方支付总额不超过_____（人民币）整（投标保函额度）的任何你方要求的金额。

1. 投标人在规定的投标有效期内撤销或修改其投标文件。

2. 投标人在收到中标通知书后无正当理由而未在规定期限内与贵方签署合同。

3. 投标人在收到中标通知书后未能在招标文件规定期限内向贵方提交招标文件所要求的履约担保。

本保函在投标有效期内保持有效，除非你方提前终止或解除本保函。要求我方承担保证责任的通知应在投标有效期内送达我方。保函失效后请将本保函交投标人退回我方注销。

本保函项下所有权利和义务均受中华人民共和国法律管辖和制约。

担保人名称（盖单位章）：_____

法定代表人或其委托代理人（签字）：_____

地址：_____

邮政编码：_____

电话：_____

传真：_____

日期：____年____月____日

---

5. 已标价工程量清单

已标价工程量清单是投标文件中已标明价格，经算术性错误修正（如有）且承包人已确认的工程量清单，包括对其的说明和表格。招标工程量清单给出的项目编码、项目名称、项目特征、计量单位和工程量在已标价工程量清单中不能改动。已标价工程量清单应包括的内容根据招标文件确定，特别是投标文件是否需要附"工程量清单综合单价分析表"，需要根据招标文件的明确规定提交；若未明确是否提交该表，则投标人可以自行决定。根据《建设工程工程量清单计价规范》(GB 50500—2013)，已标价工程量清单的内容如下。

1）封面、扉页、说明

(1) 投标总价封面；

(2) 工程计价总说明。

2）工程计价汇总表

(1) 建设项目投标报价汇总表；

(2) 单项工程投标报价汇总表；

(3) 单位工程投标报价汇总表。

3）分部分项工程和措施项目计价表

(1) 分部分项工程和单价措施项目清单与计价表；

(2) 综合单价分析表；

(3) 总价措施项目清单与计价表。

4）其他项目计价表

(1) 其他项目清单与计价汇总表；

(2) 暂列金额明细表；

(3) 材料（工程设备）暂估单价及调整表；

(4) 专业工程暂估价及结算价表；

(5) 计日工表；

(6) 总承包服务费计价表。

5）规费、税金项目计价表

规费和税金通常列于一张表中进行计算。

6. 施工组织设计

施工组织设计即通常说的技术标，包括全部施工组织设计内容，用以评价投标人的技术实力和建设经验。

施工组织设计的编写内容尽可能采用文字并结合图表形式说明施工方法，直观、准确地表达方案的意思和作用。技术复杂的项目对技术文件的编写内容及格式均有详细要求，投标人应根据招标文件和对现场的考察情况，参考以下要点编制施工组织设计：①施工方案及技术措施；②质量保证措施和创优计划；③施工总进度计划及保证措施；④施工安全措施计划；⑤文明施工措施计划；⑥施工场地治安保卫管理计划；⑦冬季和雨季施工方案；⑧施工现场总平面布置。

在编制施工组织设计时，除采用文字表述外，还可附以下图表更直观清楚地表达施工组织设计相关内容：①拟投入本工程的主要施工设备表；②拟配备本工程的试验和检测仪器设备表；③劳动力计划表；④计划开工、竣工日期和施工进度网络图；⑤施工总平面图；⑥临时用地表。

7. 项目管理机构

项目管理机构，包括企业为项目设立的管理机构和项目管理班子。项目管理班子配备情况辅助说明资料，主要包括管理班子机构设置、职责分工、有关复印证明资料以及投标人认为有必要提供的资料。辅助说明资料的格式不做统一规定,由投标人自行设计。项目管理机构在投标文件中主要反馈该项目管理班子配备情况表、项目经理简历表、主要项目管理人员简历。项目管理班子配备情况表如表 3-4 所示,项目经理简历表如表 3-5 所示。

表 3-4　项目管理班子配备情况表

职务	姓名	职称	执业或职业资格证明					备注
			证书名称	级别	证号	专业	养老保险	
项目经理								
技术总工								
工长								
测量员								
质量员								
安全员								

表 3-5　项目经理简历表

姓名		年龄		学历	
职称		职务		拟在本工程任职	
注册建造师执业资格等级			_____级	建造师专业	
安全生产考核合格证书					
毕业学校		_____年毕业于_____学校_____专业			
主要工作经历					
时间	参加过的类似项目名称		工程概况说明	发包人及联系电话	

3.3.3　投标文件的递交

1. 投标文件的编写、签署、装订、密封

1) 投标文件的编写

(1) 投标文件应按招标文件规定的格式编写,如有必要,可增加附页,作为投标文件的组成部分。其中,投标函附录在满足招标文件实质性要求的基础上,可以提出比招标文件要求更有利于招标人的承诺。

(2) 投标文件应对招标文件有关工期、投标有效期、质量要求、技术标准和要求、招标范围等实质性内容作出全面具体的响应。

(3) 投标文件正本应用不褪色墨水书写或打印。投标文件应尽量避免涂改、行间插字或删除,若出现上述情况,改动之处应由投标人的法定代表人(或委托代理人)签字确认并盖投标人公章。

(4) 投标文件编制内容是证书、证件、证明材料的复印件的,其复印内容应清晰、易于辨认。

2) 投标文件的签署

投标函及投标函附录、已标价工程量清单(或投标报价表、投标报价文件)、调价函及调价后报价明细目录等内容,应由投标人的法定代表人或其委托代理人逐页签署姓名(该页正文内容已由投标人的法定代表人或其委托代理人签署姓名的可不签署),并逐页加盖投标人单位印章或按招标文件签署规定执行。以联合体形式参与投标的,投标文件由联合体牵头人的法定代表人或其委托代理人按上述规定签署,并加盖联合体牵头人单位印章。

3)投标文件的装订

(1)投标文件正本与副本应分别装订成册,并编制目录,封面上应标记"正本"或"副本",正本和副本份数应符合招标文件规定。

(2)投标文件正本与副本都不得采用活页夹。否则,招标人对由于投标文件装订松散而造成的丢失或其他后果不承担任何责任。

4)投标文件的密封、包装

投标文件应该按照招标文件规定密封、包装。对投标文件密封的规范要求如下。

(1)投标文件正本与副本应分别包装在内层封套里,投标文件电子文件(如需要)应放置于正本的同一内层封套里,然后统一密封在一个外层封套中,加密封条和盖投标人密封印章。国内的投标文件一般采用一层封套。

(2)投标文件内层封套上应清楚标记"正本"或"副本"字样。投标文件内层封套应写明投标人邮政编码、投标人地址、投标人名称、所投项目名称和标段。投标文件外层封套应写明招标人地址及名称、所投项目名称和标段、开启时间等。也有些项目对外层封套的标志有特殊要求,如规定外层封套上不应有任何识别标志。当采用一层封套时,内外层的标记均合并在一层封套上。

未按招标文件规定要求密封和加写标记的投标文件,招标人将拒绝接收。

2. 投标文件的递交和有效期

1)投标文件的递交

投标人应当在招标文件要求提交投标文件的截止时间前,将投标文件送达投标地点。在招标文件要求提交投标文件的截止时间后送达的投标文件,招标人应当拒收。

投标人必须按照招标文件规定地点,在规定时间内送达投标文件。递交投标文件的最佳方式是直接或委托代理人送达,以便获得招标代理机构已收到投标文件的回执。如果以邮寄方式送达,则投标人必须留出邮寄的时间,以保证投标文件能够在截止时间之前送达招标人指定地点。

2)投标文件的接收

招标人收到投标文件后应当签收,并在招标文件规定的开标时间前不得开启。同时为了保护投标人的合法权益,招标人必须履行完备、规范的签收手续。签收人要记录投标文件递交的日期和地点以及密封状况,签收后应将所有递交的投标文件妥善保存。

3)投标文件的有效期

招标文件应当规定一个适当的投标有效期,以保证招标人有足够的时间完成评标和与中标人签订合同。投标文件有效期为开标之日至招标文件所写明的时间期限,在此期限内,所有投标文件均保持有效,招标人需在投标文件有效期截止前完成评标,向中标单位发出中标通知书以及签订合同协议书。

　　在原投标有效期结束前,若出现特殊情况,招标人应以传真等书面形式要求所有投标人延长投标有效期。投标人同意延长的,应立即以传真等书面形式对此要求向招标人作出答复,不得要求或被允许修改其投标文件的实质性内容,但应当相应延长其投标保证金的有效期;投标人拒绝延长的,其投标失效,但投标人有权收回其投标保证金。如果投标人在投标文件有效期内撤回投标文件,则其投标保证金将被没收。同意延长投标有效期的投标人少于3个的,招标人应当重新招标。

3.3.4　典型案例

【案例背景】

　　某市高新区一新能源动力电池项目,由15人组成的评标委员会于2021年9月3日开始了封闭式评标。评标委员会按照评标程序(符合性检查、商务评议、技术评议、评比打分)对投标文件进行评议。评标委员会对8家公司投标文件的投标书、投标保证金、法人授权书、资格证明文件、技术文件、投标分项报价表等各个方面进行符合性检查时,发现A公司的投标文件未经法人代表签署,也未能提供法人授权委托书。

　　评标委员会依照招标文件的要求,对通过符合性检查的投标文件进行商务评议,发现投标人B公司投标文件的竣工工期为"合同签订后150天"(招标文件规定"竣工工期为合同签订后3个月")。

　　问题:本案例中,评标委员会对A公司、B公司的投标文件应如何处理?

【案例评析】

　　对A公司、B公司的投标文件,评标委员会应认定为废标。评标的目的之一是审查投标文件是否对招标文件提出的所有实质性要求和条件作出响应。投标文件应当对招标文件提出的实质性要求和条件作出响应,这是确认投标文件是否有效的最基本要求。

3.3.5　典型训练

　　扫描下方二维码,完成典型训练。

学习笔记

项目提升训练

一、单选题

1. 关于投标的截止日期,下列说法不正确的是(   )。

   A. 招标人所规定的投标截止日就是评标结束的日期

   B. 投标人在投标截止日之前所提交的投标是有效的

   C. 超过该日期之后就会被视为无效投标

   D. 在招标文件要求提交投标文件的截止时间后送达的投标文件,招标人可以拒收

2. 在工程施工投标过程中,施工方案应由投标单位(   )主持制定。

   A. 项目经理   B. 分管投标的负责人

   C. 法人代表   D. 技术负责人

3. 施工项目投标报价的工作包括:①收集投标信息;②选择报价策略;③组建投标班子;④确定基础标价;⑤确定投标报价;⑥研究招标文件,以上工作正确的先后顺序是(   )。

   A. ⑤①③②④⑤   B. ③⑥①④②⑤   C. ③①⑥②④⑤   D. ⑥③①④②⑤

4. 关于投标报价的说法,正确的是(   )。

   A. 询价通常可向生产厂商、销售商、咨询公司以及招标人询问

   B. 投标人可以利用工程量清单的错、漏、多项,运用投标技巧,提高报价质量

   C. 复核工程量清单中的工程量,对于有明显错误的可以修改清单工程量

   D. 只要投标人的报价明显低于其他投标报价,评标委员会就可作为废标处理

5. 根据《建设工程工程量清单计价规范》(GB 50500—2013),关于投标价编制原则的说法,正确的是(   )。

   A. 投标报价只能由投标人自行编制

   B. 投标报价可以另行设定情况优惠总价

   C. 投标报价高于最高投标限价的必须下调后采用

   D. 投标报价不得低于工程成本

6. 投标人在投标报价时,应优先被采用为综合单价编制依据的是(   )。

   A. 企业定额   B. 地区定额   C. 行业定额   D. 国家定额

7. 对于其他项目中的计日工,投标人正确的报价方式是(   )。

   A. 按政策规定标准估算报价   B. 按招标文件提供的金额报价

   C. 自主报价   D. 待签证时报价

8. 根据《建设工程工程量清单计价规范》(GB 50500—2013),投标人在确定分项工程的综合单价时,若出现某招标工程量清单项目特征描述与设计图纸不符,但均符合设计规范,应以(   )为准。

   A. 招标工程量清单的项目特征描述   B. 设计图纸及其说明

   C. 设计规范   D. 实际施工的项目特征

9. 关于建设工程投标的说法,正确的是(   )。

   A. 投标属于承诺

    B. 一旦投标,投标人将受投标书的约束

    C. 投标书的内容不具备足以使合同成立的主要条件

    D. 投标函附录在满足招标文件实质性要求的基础上,可提出比招标文件要求更有利于招标人的承诺

10. 关于投标文件的说法,正确的是(　　　)。

    A. 通常投标文件中需要提交投标担保

    B. 投标文件在对招标文件的实质性要求作出响应后,可另外提出新的要求

    C. 投标书只需要盖有投标企业公章或企业法定代表人名章

    D. 投标书可由项目所在地的企业项目经理部组织投标,不需要授权委托书

11. 下列情形中,属于投标人相互串通投标的是(　　　)。

    A. 不同投标人的投标报价呈规律性差异

    B. 不同投标人的投标文件由同一单位或个人编制

    C. 不同投标人委托了同一单位或个人办理某项投标事宜

    D. 投标人之间约定中标人

12. 建设项目投标有效期的起算时间为(　　　)之日。

    A. 投标人提交投标文件截止　　　　　　B. 投标人实际提交投标文件

    C. 招标文件开始发售　　　　　　　　　　D. 评标结束

13. 投标书是投标人的投标文件,是对招标文件提出的要求和条件作出(　　　)的文本。

    A. 附和　　　　　　B. 否定　　　　　　C. 响应　　　　　　D. 实质性响应

14. 投标文件正本(　　　),副本份数见投标人须知前附表。正本和副本的封面上应清楚地标记"正本"或"副本"的字样。当副本和正本不一致时,以正本为准。

    A. 1 份　　　　　　B. 2 份　　　　　　C. 3 份　　　　　　D. 4 份

15. 投标文件应用不褪色的材料书写或打印,并由投标人的法定代表人或其委托代理人签字或盖单位公章。委托代理人签字的,投标文件应附法定代表人签署的(　　　)。

    A. 意见书　　　　　　B. 法定委托书　　　　　　C. 指定委托书　　　　　　D. 授权委托书

16. 甲、乙两个工程承包单位组成施工联合体投标,甲单位为施工总承包一级资质,乙单位为施工总承包二级资质,则该施工联合体应按(　　　)资质确定等级。

    A. 一级　　　　　　B. 二级　　　　　　C. 三级　　　　　　D. 特级

17. 下列说法不正确的是(　　　)。

    A. 投标人应当在招标文件要求提交投标文件的截止时间前,将投标文件送达投标地点

    B. 招标人收到投标文件后,应当签收保存,可以开启

    C. 投标人少于三个的,招标人应当依照招标投标法重新招标

    D. 在招标文件要求提交投标文件的截止时间后送达的投标文件,招标人应当拒收

18. 投标文件应当对招标文件提出的(　　　)和条件作出响应。

    A. 实质性要求　　　　B. 全部要求　　　　C. 主要要求　　　　D. 部分要求

19. 依法必须招标的工程建设项目,所有投标被否决后,招标人应(　　　)。

A. 协商确定中标候选人

B. 要求所有投标人修改投标文件，再次投标

C. 从投标人中指定中标人

D. 依法重新招标

20. 下列不属于投标人之间串通投标行为的是(　　)。

A. 相互约定抬高或者降低投标报价

B. 约定在招标项目中分别以高、中、低价位报价

C. 相互探听对方投标标价

D. 先进行内部竞价，内定中标人后再参加投标

二、多选题

1. 以下(　　)项目属于措施费。

A. 安全文明施工费 　　　　　　　 B. 临时设施费

C. 夜间施工费 　　　　　　　　　 D. 材料二次搬运费

E. 工程排污费

2. 采用工程量清单报价法编制的投标报价，主要由(　　)构成。

A. 分部分项工程费 　　　　　　　 B. 其他项目费

C. 措施项目费 　　　　　　　　　 D. 规费和税金

E. 间接费

3. 施工企业投标报价时可自主报价的项目有(　　)。

A. 措施项目 　　　　　　　　　　 B. 计日工

C. 暂列金额 　　　　　　　　　　 D. 总承包服务费

E. 规费

4. 某施工招标项目接受联合体投标，其资质条件为钢结构工程专业承包二级和装饰装修专业承包一级施工资质。以下符合该资质要求的联合体是(　　)。

A. 具有钢结构工程专业承包二级和装饰装修专业承包二级施工资质

B. 具有钢结构工程专业承包一级和装饰装修专业承包一级施工资质

C. 具有钢结构工程专业承包一级和装饰装修专业承包二级施工资质

D. 具有钢结构工程专业承包二级和装饰装修专业承包一级施工资质

E. 具有钢结构工程专业承包二级和装饰装修专业承包三级施工资质

5. 下列(　　)内容是投标文件中的。

A. 施工组织设计 　　　　　　　　 B. 投标函及投标函附录

C. 缴税证明 　　　　　　　　　　 D. 固定资产证明

E. 投标保证金或保函

6. 根据《招标投标法》规定，下列对投标的叙述正确的有(　　)。

A. 投标人应当在招标文件要求提交投标文件的截止时间前，将投标文件送达投标地点

B. 招标人收到投标文件后，应当签收保存，不得开启

C. 投标人少于三个的，招标人应当依照《招标投标法》重新招标

  D. 投标人不得以低于成本的报价竞标,也不得以他人名义投标或者以其他方式弄虚作假,骗取中标

  E. 提交投标文件截止时间后,投标人需说明情况方可投标

7. 关于投标人串通投标的说法中,正确的有( )。

  A. 投标人不得相互串通投标报价

  B. 投标人不得排挤其他投标人的公平竞争

  C. 投标人不得探听对方的投标报价

  D. 投标人不得损害招标人和其他投标人的合法权益

  E. 投标人不得与招标人串通投标

8. 下列关于投标有效期和投标保证金说法,正确的有( )。

  A. 招标文件中可以不载明投标有效期

  B. 招标人不得挪用投标保证金

  C. 投标保证金有效期应当与投标有效期一致

  D. 投标保证金必须以现金的形式提交

  E. 投标保证金不得超过招标项目估算价的 2%

9. 依据《江苏省国有资金投资工程建设项目招标投标管理办法》,投标人在投标过程中有( )情形的,视为投标人相互串通投标。

  A. 不同投标人的电子投标文件出自同一台计算机

  B. 不同投标人的投标文件由同一投标人的附属设备打印、复印

  C. 出现完全相同的投标报价

  D. 不同投标人的投标报价用同一个预算编制软件密码锁制作或者出自同一电子文档

  E. 不同投标人编制的投标文件存在两处以上一致性错误的

10. 下列情形中,属于招标人与投标人串通投标的有( )。

  A. 接受未通过资格预审的单位或者个人参加投标

  B. 招标人在开标前开启投标文件并将有关信息泄露给其他投标人

  C. 招标人直接或者间接向投标人泄露标底、评标委员会成员等信息

  D. 招标人授意投标人撤换、修改投标文件

  E. 要求投标人对含义不明的内容作出澄清说明

三、简答题

1. 投标文件由哪些部分组成?

2. 常用的投标报价策略有哪些?

3. 研究合同条款主要从哪些方面分析?

4. 投标报价的依据是什么?

5. 联合体协议书的内容包括哪些?

四、案例分析题

1. 某国有资金投资占控股地位的地下轨道建设项目,施工图设计文件已经由相关行政主管部门批准,建设单位采用公开招标方式进行施工招标。

2022 年 3 月 1 日发布了该工程项目的施工招标公告,其内容如下:①招标单位的名称和地址;②招标项目的内容、规模、工期、项目经理和质量标准要求;③招标项目的实施地点、资金来源和评标标准;④招标单位应具有二级及以上施工总承包企业资质,并且近三年获得两项以上本市优质工程奖;⑤获取招标文件的时间、地点和费用。

某具有相应资质的承包商经研究决定参与该工程投标。经造价工程师估价,该工程估算成本为 1500 万元,其中材料费占 60%。经研究有高、中、低三个报价方案,其利润率分别为 10%、7%、4%,根据过去类似工程投标经验,相应的中标概率分别为 0.3、0.6、0.9。编制投标文件的费用为 5 万元。该工程业主在招标文件中明确规定采用固定总价合同。据估计,在施工过程中材料费可能平均上涨 3%,其发生概率为 0.4。

问题:(1)该工程招标公告中的各项内容是否妥当? 对不妥当之处说明理由。

(2)试运用决策树法进行投标决策,相应的不含税报价为多少?

2. 某工程设计已完成,施工图纸具备,施工现场已完成"三通一平"工作,已具备开工条件。

招标过程中,发生了以下事件。

招标代理机构采用公开招标方式代理招标,编制了标底(800 万元)和招标文件。要求工程总工期为 365 天。按国家工期定额规定,该工程工期应为 400 天。

通过资格预审参加投标的共有 A、B、C、D、E 5 家施工单位。开标结果这 5 家投标单位的报价均高出标底价近 300 万元,这一异常引起了招标人的注意。为了避免招标失败,业主提出由代理机构重新复核标底。复核标底后,确认是由于工作失误,漏算了部分工程项目,致使标底偏低。在修正错误后,代理机构重新确定了新的标底。A、B、C 3 家单位认为新的标底不合理,向招标人提出要求撤回投标文件。

由于上述问题导致定标工作在原定的投标有效期内一直没有完成。为早日开工,该业主更改了原定工期和工程结算方式等条件,指定了其中一家施工单位中标。

投标过程中,发生了以下事件。

A 单位为不影响中标,又能在中标后取得较好收益,在不改变总报价基础上对工程内部各项目报价进行了调整,提出了正式报价,增加了所得工程款的现值;

D 单位在对招标文件进行估算后,认为工程价款按季度支付不利于资金周转,决定在按招标文件要求报价之外,另建议业主将付款条件改为预付款降到 5%,工程款按月支付;

E 单位首先对原招标文件进行了报价,又在认真分析原招标文件的设计和施工方案的基础上提出了一种新方案(缩短了工期且可操作性好),并进行了相应报价。

问题:(1)A、B、C 3 家投标单位要求撤回投标文件的做法是否正确? 为什么?

(2)在投标期间,A、D、E 投标单位各采用了哪些报价技巧?

项目 4 建设工程开标、评标和定标

项目学习导图

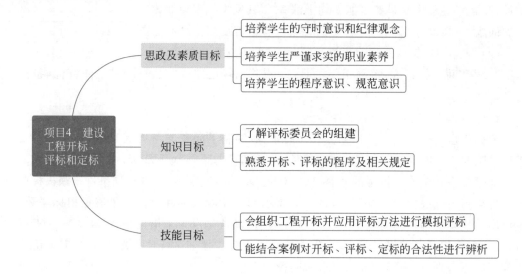

工程项目引例

评标委员会必须按招标文件规定的评标标准和方法评标吗?

【项目背景】

某公司就其机电系统工程浪涌保护器智能监控系统项目进行公开招标,招标文件规定:①资质条件:若投标人是制造商,履约能力不低于 200 万元,近 5 年内有 3 个以上类似项目的重点工程业绩,投标货物具有国家指定的防雷产品质量监测中心出具的型式试验报告("智能型 SPD 产品在市气象局备案")。②技术要求:"当上一级浪涌保护器为开关型 SPD,次级采用限压型 SPD 时",要求配置熔断器作为短路保护装置,选用 SPD 与短路保护装置一体化的结构,即采用熔断组合型 SPD。③评标办法:"评标采用综合评估法。" 2019 年 8 月 21 日,评标委员会经评审,将 A 单位(第一名)和 B 单位(第二名)推荐为中标候选人。最后招标方公示 A 单位为第一中标候选人,未公示第二中标候选人,并向 A 单位发出中标通知书。

B 单位对评标结果不服,提出异议被招标人驳回后提起诉讼,认为招标人与中标人串通投标,请求法院确认本项目中标结果无效。

法院认为:《招标投标法实施条例》第四十一条规定了招标人与投标人串通投标的 6 种

情形,现 B 单位并未提交证据直接证明各被告之间存在串通投标的情形,而系以 A 单位投标产品不满足招标文件技术要求、招标程序不合法为由,推定各被告之间串通投标。因此,本案审查的重点在于 B 单位主张的上述情形是否属实。

(1) 关于中标候选人公示。根据《招标投标法实施条例》第五十四条规定,招标人应自收到评标报告之日起 3 日内公示中标候选人。本案评标委员会推荐 A 单位和 B 单位分别为第一和第二中标候选人,但招标人仅公示了第一中标候选人,违反了《招标投标法实施条例》的上述规定,但该行为并非《招标投标法》规定的可导致中标结果无效的情形,更不足以认定该公司与 A 单位之间串通投标。

(2) 关于 A 单位的投标资格。经审查,A 单位的投标文件中包含其近 3 年财务报表、近 5 年做过的类似项目等内容,评标委员会评审时指出上述材料能充分证明 A 单位具有"200 万元的履约能力"。另外,A 单位在投标截止时间前就其投标的产品均已提交型式试验报告并在市气象局网站备案。因此,B 单位认为 A 单位不具备投标资格并不属实。

(3) 关于 A 单位是否满足招标文件技术要求。根据招标文件"当上一级浪涌保护器为开关型 SPD,次级采用限压型 SPD"的文字表述,第一级产品可以为开关型产品,而非 B 单位所称必须为限压型。对于 B 单位主张的 A 单位各级产品的最大持续工作电压、第二级产品的试验级别及标准放电电流、第三级产品的电压保护水平以及熔断器与 SPD 的组合方式等参数与招标文件不同,则不应中标的观点,与综合评估法的内涵不符。国家标准规定了上述技术性能的相关参数值,现 A 单位投标产品的技术参数均满足国家标准的要求。虽部分参数值与招标文件要求不完全相同,但评标委员会根据评标细则及其专业知识,对各项技术指标进行审查,得出 A 单位满足招标文件技术要求的结论。B 单位以其质疑来推断招标人与中标人串通投标,缺乏依据。

综上,B 单位的诉讼请求缺乏事实依据,法院判决驳回 B 单位的诉讼请求。

【评析启示】

本案例总结主要有以下两点。

(1) 招标人对于哪些属于实质性要求、哪些情况下可以否决投标,都应当在招标文件中明示告知投标人。评标委员会应当按照招标文件规定的评标标准和方法,对各投标人的投标文件进行评价、比较和分析,客观、公正地提出评审意见,从中推荐中标候选人。

(2) 公示中标候选人应当全部一次性公示,不宜仅公示其中部分中标候选人。

任务 4.1　开　　标

4.1.1　开标的时间、地点、参与者

为体现招标的公开、公平和公正原则,无论是公开招标,还是邀请招标,均需举行开标会议。开标应当按照招标文件确定的提交投标文件截止时间的同一时间公开进行,开标地点应当为招标文件中预先确定的地点,如当地已经建立公共资源交易中心,开标则应在当地公共资源交易中心举行。

开标会议由招标单位主持,并邀请所有投标单位的法定代表人或其代理人参加,建设行政主管部门及其工程招标投标监督管理机构依法实施监督。

4.1.2 开标流程

微课:开标及评标

1. 开标程序

开标全过程应在投标人代表可视范围内进行,并做好记录,有条件的可全程录像,以备查验。招标人应按照招标文件规定的程序开标,一般开标程序如下。

1)宣布开标纪律

主持人宣布开标纪律,对参与开标会议的人员提出会场要求,主要是开标过程中不得喧哗、通信工具调整到静音状态、使用约定的提问方式等。任何人不得干扰正常的开标程序。

2)确认投标人代表身份

招标人可以按照招标文件的约定,当场核验参加开标会议的投标人、授权代表的授权委托书和有效身份证件,确认授权代表的有效性,并留存授权委托书和身份证件的复印件。法定代表人出席开标会的要出示其有效证件。

3)公布在投标截止时间前接收投标文件的情况

招标人在招标文件要求提交投标文件的截止时间前收到的所有投标文件,开标时都应当众予以拆封,不能遗漏,否则构成对投标人的不公正对待。如果是投标文件的截止时间以后收到的投标文件,则应不予开启,原封不动地退回。

4)宣布与会人员

主持人介绍招标人代表、招标代理机构代表、监督人代表或公证人员等,依次宣布开标人、唱标人、记录人、监标人等有关人员的姓名。

5)检查投标文件的密封情况

依据招标文件约定的方式,组织投标文件的密封检查可由投标人或者其推选的代表进行,如果招标人委托了公证机构对开标情况进行公证,也可以由公证机构检查并公证。其目的在于检查开标现场的投标文件密封状况是否与招标文件约定和受理时的密封状况一致。

6)宣布投标文件开标顺序

主持人宣布开标顺序,如招标文件未约定开标顺序的,一般按照投标文件递交的顺序或倒序进行。

7)公布标底

设有标底的,当场公布标底。

8)唱标

按照宣布的开标顺序当众开标。唱标人应按照招标文件约定的唱标内容,严格依据投标函及其附录唱标,并当即做好唱标记录。唱标内容一般包括投标函及投标函附录中的报价、备选方案报价(如有)、完成期限、质量目标、投标保证金等,唱标记录表需登记在册,如表 4-1 所示。

表 4-1 唱标记录表

序号	投标人	密封情况	投标保证金	投标报价/元	质量目标	工期	备注	签名
招标人编制的标底(如有)								

9) 开标记录签字

开标会议应当做好书面记录,如实记录开标会的全部内容,包括开标时间、地点,出席开标会的单位和代表,开标会程序、唱标记录、公证机构和公证结果(如有)等。投标人代表、招标人代表、监标人、记录人等应在开标记录上签字确认,存档备查。投标人代表对开标记录内容有异议的可以注明。

10) 开标结束

完成开标会议全部程序和内容后,主持人宣布开标会议结束。

2. 开标注意事项

开标中,需注意如下事项。

(1) 在投标截止时间前,投标人书面通知招标人撤回其投标的,无须进入开标程序。

(2) 截至投标截止时间提交投标文件的投标人少于 3 个的,不得开标,招标人应将接收的投标文件原封不动地退回投标人,并依法重新组织招标。

(3) 开标过程中,投标人对开标有异议的,应当在开标现场提出,招标人需当场作出答复,并做好记录。开标记录可以使权益受到侵害的投标人行使要求复查的权利,有利于确保招标人尽可能自我完善,实现加强管理、避免漏洞。

(4) 开标时,开标工作人员应认真核验并如实记录投标文件的密封、标志以及投标报价、投标保证金等开标、唱标情况,发现投标文件存在问题或投标人提出异议的,特别是涉及影响评标委员会对投标文件评审结论的,应如实记录在开标记录上。但招标人不应在开标现场对投标文件是否有效作出判断和决定,应递交评标委员会评定。

(5) 投标人应按招标文件约定参加开标,投标人不参加开标,视为默认开标结果,事后不得对开标结果提出异议。

4.1.3 典型案例

【案例背景】

某工程施工招标项目采用资格后审方式组织公开招标,在投标截止时间前,招标人共收到投标人提交的 6 份投标文件。随后招标人组织有关人员对投标人的资格进行审查,查对有关证明、证件原件。其中一家投标单位没有派人参加开标会议,还有一家投标单位少携带一份证件原件材料,没能通过招标人组织的资格审查。因此,招标人对通过资格审查的投标人 A、B、C、D 组织了开标。

唱标过程中,投标人 B 的投标函上有两个报价,招标人要求其确认其中的一个报价进行唱标;投标人 C 在投标函上填写的报价,大写与小写数值不一致,招标人查对了投标文件中的投标报价汇总表,发现投标函上的报价小写数值与投标报价汇总表一致,便按照其小写数值进行了唱标。

问题:(1)招标人确定能够进入开标或唱标阶段的投标人的做法是否正确?

(2)招标人在唱标过程中的做法是否正确?为什么?

【案例解析】

(1)招标人确定进入开标或唱标阶段的投标人的做法不正确。按照《招标投标法》第三十六条规定,招标人在招标文件中要求提交投标文件的截止时间前收到的所有投标文件,开标时都应当当众予以拆封、宣读。在本案例中,招标人在投标文件递交截止时间后,先行组织有关人员对投标文件进行资格审查,查对有关证明、证件的原件做法不符合该条规定。资格后审是在开标后的初步评审阶段,评标委员会根据招标文件规定的投标资格条件对投标人资格进行评审,投标资格评审合格的投标文件进入详细评审。

(2)本案例中有一家投标单位没有派人参加开标会议,不能以此判定其资格合格与否。《招标投标法》第三十五条规定,开标由招标人主持,邀请所有投标人参加。因此,投标人参加开标会是一种自愿行为。投标人参加开标会是监督招标人开标的合法性,了解其他投标人的投标情况。如果投标人不参加开标会,视为放弃了这项权利,不能以投标人是否参加开标会而判定其投标的有效性,更不能以此判定其资格合格与否。

(3)招标人在开标过程中对一些特殊情况处理不正确。针对投标人 B 投标函上的两个投标报价,招标人应直接宣读投标人在投标函(正本)上填写的两个报价,不能要求该投标人确认其一为最终报价,这种做法实际相当于允许该投标人进行二次报价,违反了投标报价一次性原则;针对投标人 C 在投标函上报价的大写与小写数值不一致,招标人在开标会上无须查对工程报价汇总表,仅需按照投标函(正本)上的大写数值唱标即可。

4.1.4 典型训练

扫描下方二维码,完成典型训练。

任务 4.2 评　标

4.2.1 评标原则、纪律要求

1. 评标原则

评标人员应当按照招标文件确定的评标标准和方法,对投标文件进行评审和比较,本着实事求是的原则,不得带有任何主观意愿和偏见,高质量、高效率地完成评标工作,并应遵循以下原则。

(1) 认真阅读招标文件,严格按照招标文件规定的要求和条件对投标文件进行评审。

(2) 公平、公正、科学、合理。

(3) 质量好、信誉高、价格合理、工期适当、施工方案先进可行。

(4) 规范性与灵活性相结合。

2. 纪律要求

1) 对招标人的纪律要求

招标人不得泄露招投标活动中应当保密的情况和资料,不得与投标人串通损害国家利益、社会公共利益或者他人合法权益。有下列情形之一的,属于招标人与投标人串通投标。

(1) 招标人在开标前开启投标文件并将有关信息泄露给其他投标人。

(2) 招标人直接或者间接向投标人泄露标底、评标委员会成员等信息。

(3) 招标人明示或者暗示投标人压低或者抬高投标报价。

(4) 招标人授意投标人撤换、修改投标文件。

(5) 招标人明示或者暗示投标人为特定投标人中标提供方便。

(6) 招标人与投标人为谋求特定投标人中标而采取的其他串通行为。

2) 对投标人的纪律要求

投标人不得相互串通投标或者与招标人串通投标,不得向招标人或评标委员会成员行贿谋取中标,不得以他人名义投标或者以其他方式弄虚作假骗取中标;投标人不得以任何方式干扰、影响评标工作。有下列情形之一的,属于投标人相互串通投标。

(1) 投标人之间协商投标报价等投标文件的实质性内容。

(2) 投标人之间约定中标人。

(3) 投标人之间约定部分投标人放弃投标或者中标。

(4) 属于同一集团、协会、商会等组织成员的投标人按照该组织要求协同投标。

(5) 投标人之间为谋取中标或者排斥特定投标人而采取的其他联合行动。

有下列情形之一的,视为投标人相互串通投标。

(1) 不同投标人的投标文件由同一单位或者个人编制。

(2) 不同投标人委托同一单位或者个人办理投标事宜。

(3) 不同投标人的投标文件载明的项目管理成员为同一人。

(4) 不同投标人的投标文件异常一致或者投标报价呈规律性差异。

(5) 不同投标人的投标文件相互混装。

（6）不同投标人的投标保证金从同一单位或者个人的账户转出。

3）对评标委员会的纪律要求

评标活动由评标委员会依法进行,任何单位和个人不得非法干预,无关人员不得参加评标会议。评标委员会成员不得与任何投标人或者与招标有利害关系的人私下接触,不得收受投标人、中介人以及其他利害关系人的财物或其他好处。在评标活动中,评标委员会成员不得擅离职守,影响评标程序的正常进行。

有关评标活动参与人员应当严格遵守保密规则,不得泄露与评标有关的任何情况。其保密内容主要有以下几方面:

（1）评标地点和场所;

（2）评标委员会成员名单;

（3）投标文件评审比较情况;

（4）中标候选人的推荐情况;

（5）与评标有关的其他情况等。

4.2.2　组建评标委员会

1. 评标委员会的构成

依法必须进行招标的项目,其评标委员会由招标人的代表和有关技术、经济等方面的专家组成,成员人数为 5 人以上单数,其中技术、经济等方面的专家不得少于成员总数的 2/3。

有关行政监督部门应当按照规定的职责分工,对评标委员会成员的确定方式、评标专家的抽取和评标活动进行监督。行政监督部门的工作人员不得担任本部门负责监督项目的评标委员会成员。

2. 评标专家的确定

评标委员会的专家成员,应当从国务院有关部门或者省、自治区、直辖市人民政府有关部门提供的专家名册或者招标代理机构的专家库内的相关专家名单中确定。

评标专家采取随机抽取和直接确定两种方式。一般项目可以采取随机抽取的方式;技术复杂、专业性强或者国家有特殊要求的招标项目,采取随机抽取方式确定的专家难以保证胜任的,可以由招标人直接确定。任何单位和个人不得以明示、暗示等任何方式指定或者变相指定参加评标委员会的专家成员。

3. 评标专家的回避原则

有下列情形之一的,不得担任评标委员会成员。

（1）投标人或者投标人主要负责人的近亲属。

（2）项目主管部门或者行政监督部门的人员。

（3）与投标人有经济利益关系,可能影响对投标公正评审的。

（4）曾因在招标、评标以及其他与招标有关活动中从事违法行为而受过行政处罚或刑事处罚的。

评标委员会成员有前述情形之一的,应当主动提出回避。招标人可以要求评标专家签署承诺书,确认其不存在上述法定回避的情形。评标中,如发现某个评标专家存在法定回避情形,该评标专家已经完成的评标结果无效,招标人应重新确定满足要求的专家替代。

4.2.3 评标办法

微课:应用法规规范确定评标办法及招标清单责任

建设工程评标的方法很多,我国目前常用的评标方法有经评审的最低投标价法和综合评估法等。

1. 经评审的最低投标价法

经评审的最低投标价法是指对符合招标文件规定的技术标准,满足招标文件实质性要求的投标,根据招标文件规定的量化因素及量化标准进行价格折算,按照经评审的投标价由低到高的顺序推荐中标候选人,或根据招标人授权直接确定中标人,但投标报价低于其成本的除外。经评审的投标价相等时,投标报价低的优先;投标报价也相等的,由招标人自行确定。

1) 适用情况

经评审的最低投标价法一般适用于具有通用技术、性能标准,或者招标人对其技术、性能没有特殊要求的招标项目。

2) 评标程序及原则

(1) 评标委员会根据招标文件中评标办法的规定对投标人的投标文件进行初步评审。有一项不符合评审标准的,作废标处理。

(2) 评标委员会应当根据招标文件中规定的评标价格调整方法,对所有投标人的投标报价及投标文件的商务部分做必要的价格调整,但评标委员会无须对投标文件的技术部分进行价格折算。评标委员会发现投标人的报价明显低于其他投标的报价,或者在设有标底时明显低于标底,使得其投标报价可能低于其个别成本的,应当要求该投标人作出书面说明并提供相关证明材料。投标人不能合理说明或者不能提供相关证明材料的,由评标委员会认定该投标人以低于成本报价竞标,应当否决其投标。

(3) 根据经评审的最低投标价法完成详细评审后,评标委员会应当拟定一份"标价比较表",连同书面评标报告提交给招标人。"标价比较表"应当注明投标人的投标报价、对商务偏差的价格调整和说明,以及经评审的最终投标价。

(4) 除招标文件中授权评标委员会直接确定中标人外,评标委员会应按照经评审的价格由低到高的顺序推荐中标候选人。

2. 综合评估法

综合评估法是对价格、施工组织设计(或施工方案)、项目经理的资历和业绩、质量、工期、信誉和业绩等各方面因素进行综合评价,从而确定中标人的评标方法。它是适用最广泛的评标方法。综合评估法按其具体分析方式的不同,可分为定性综合评估法和定量综合评估法。

1) 定性综合评估法

定性综合评估法又称评估法,通常由评标组织对工程报价、工期、质量、施工组织设计、主要材料消耗、安全保障措施、业绩、信誉等评审指标,分项进行定性比较分析,综合考虑,经评估后选出其中被大多数评标组织成员认为各项条件都比较优良的投标人为中标人,也可用记名或无记名投票表决的方式确定中标人。定性评估法的特点是不量化各项评审指标,是一种定性的优选法。采用定性综合评估法,一般要按从优到劣的顺序,对各投标人排列名次,排序第一名的即为中标人。

采用定性综合评估法,有利于评标组织成员之间的直接对话和交流,能充分反映不同意见,在广泛深入地开展讨论、分析的基础上,集中大多数人的意见,一般也比较简单易行。但这种方法评估标准弹性较大,衡量的尺度不具体,容易造成评标意见差距过大,最终使评标决策左右为难。

2)定量综合评估法

定量综合评估法又称打分法、百分制计分评估法(百分法)。通常事先在招标文件或评标定标办法中对评标的内容进行分类,形成若干评价因素,并确定各项评价因素在百分之内所占的比例和评分标准,开标后由评标组织中的每位成员按照评分规则,采用无记名方式打分,最后统计投标人的得分,得分最高者(排序第一名)或次高者(排序第二名)为中标人。

定量综合评估法的主要特点是量化各评价因素,对各评审因素的量化是一个比较复杂的问题,各地的做法不尽相同。从理论上讲,评价因素指标的设置和评分标准分值的分配,应充分体现企业的整体素质和综合实力,准确反映公开、公平、公正的竞标法则。

4.2.4 典型案例

【案例背景 1】

某段公路投资 1200 万元,经咨询公司测算的标底为 1200 万元,计划工期为 300 天。现有甲、乙、丙 3 家企业的报价、工期及质量目标,如表 4-2 所示。

微课:应用招标规则进行报价得分计算

表 4-2 各企业的报价、工期及质量目标表

企业名称	报价/万元	工期/天	质量目标
甲	1000	260	优秀
乙	1100	200	合格
丙	800	310	优秀

招标文件规定,该项目采用经评审的最低投标价法进行评标,评标时应考虑如下评标因素:

(1)工期每提前 1 天为业主带来 2.5 万元的预期效益;

(2)工程竣工验收时质量达到优秀的也将为业主带来 20 万元的收益。

问题:计算经评审的评标价,并确定排名第一的中标候选人。

【案例解析】

按照评标因素,分别计算甲、乙、丙 3 家的经评审的评标价。

甲:$1000+(260-300)\times2.5+(-20)=880$(万元)

乙:$1100+(200-300)\times2.5+0=850$(万元)

丙:$800+(310-300)\times2.5+(-20)=805$(万元)

上述3家企业中丙企业报价最低,但工期已经超过了标底的工期,属于重大偏差,因此不予考虑。甲企业报价虽比乙企业低,但综合评审各因素后,乙企业较甲企业的评标价格低,因此最后选定乙企业为中标候选人。

【案例背景2】

某大型工程,由于技术难度大,对施工单位的施工设备和同类工程施工经验要求高,而且对工期的要求也比较紧迫。业主在对有关单位和在建工程考察的基础上,仅邀请了3家国有一级施工企业参加投标,并预先与咨询单位和该3家施工单位共同研究确定了施工方案。业主要求投标单位将技术标和商务标分别装订报送。经招标领导小组研究确定的评标规定如下。

(1)技术标共30分,其中施工方案10分(因已确定施工方案,各投标单位均得10分)、施工总工期10分、工程质量10分。满足业主总工期要求(36个月)者得4分,每提前1个月加1分,不满足者不得分;业主希望该工程今后能被评为省优工程,自报工程质量合格者得4分,承诺将该工程建成省优工程者得6分(若该工程未被评为省优工程将扣罚合同价的2%,该款项在竣工结算时暂不支付给承包商),近三年内获鲁班工程奖每项加2分,获省优工程奖每项加1分。

(2)商务标共70分。报价不超过标底(35 500万元)的±5%者为有效标,超过者为废标。报价为标底的98%者得满分(70分),在此基础上,报价比标底每下降1%,扣1分,每上升1%,扣2分(计分按四舍五入取整)。各投标单位的有关情况列于表4-3。

表4-3 各投标单位情况表

投标单位	报价/万元	总工期/月	自报工程质量	鲁班工程奖	省优工程奖
A	35 642	33	优良	1	1
B	34 364	31	优良	0	2
C	33 867	32	合格	0	1

问题:(1)该工程采用邀请招标方式且仅邀请3家施工单位投标,是否违反有关规定?为什么?

(2)按综合得分最高者中标的原则确定中标单位。

(3)若改变该工程评标的有关规定,将技术标增加到40分,其中施工方案20分(各投标单位均得20分),商务标减少为60分,是否会影响评标结果?为什么?若影响,应由哪家施工单位中标?

【案例解析】

(1)不违反有关规定。因为根据有关规定,对于技术复杂的工程,允许采用邀请招标方式,邀请参加投标的单位不得少于3家。

(2)第一步:计算各投标单位的技术标得分,见表4-4。

表 4-4　各投标单位的技术标得分

投标单位	施工方案	总工期/月	工程质量	合　计
A	10	$4+(36-33)\times1=7$	$6+2+1=9$	26
B	10	$4+(36-31)\times1=9$	$6+1\times2=8$	27
C	10	$4+(36-32)\times1=8$	$4+1=5$	23

第二步:计算各投标单位的商务标得分,见表 4-5。

表 4-5　各投标单位的商务标得分

投标单位	报价/万元	报价与标底的比例/%	扣　分	得　分
A	35 642	$35\ 642/35\ 500\times100\%=100.4$	$(100.4-98)\times2\approx5$	$70-5=65$
B	34 364	$34\ 364/35\ 500\times100\%=96.8$	$(98-96.8)\times1\approx1$	$70-1=69$
C	33 867	$33\ 867/35\ 500\times100\%=95.4$	$(98-95.4)\times1\approx3$	$70-3=67$

第三步:计算各投标单位的综合得分,见表 4-6。

表 4-6　各投标单位的综合得分

投标单位	技术标得分	商务标得分	综合得分
A	26	65	91
B	27	69	96
C	23	67	90

因为 B 公司综合得分最高,故应选择 B 公司为中标单位。

(3) 这样改变评标办法不会影响评标结果,因为各投标单位的技术标得分均增加 10 分($20-10$),而商务标得分均减少 10 分($70-60$),综合得分不变。

4.2.5　评标步骤

施工招标的评标和定标是依据招标工程的规模、技术复杂程度决定评标的办法与时间。一般国际性招标项目评标需要 3～6 个月,而小型工程由于承包工作内容较为简单、合同金额不大,可以采用即开、即评、即定的方式,可由评标委员会直接确定中标人。国内大型工程项目的评审因评审内容复杂、涉及面宽,通常分成初步评审和详细评审两个阶段。

1. 初步评审

初步评审主要是符合性审查,也称对投标书的响应性审查,此阶段不是比较各投标书的优劣,而是以投标须知为依据,检查各投标书是否为响应性投标,确定投标书的有效性。初步评审从投标书中筛选出符合要求的合格投标书,剔除所有无效投标书和严重违反规定的投标书,以减少详细评审的工作量,保证评审工作的顺利进行。

初步评审主要从符合性评审、技术性评审、商务性评审、对招标文件响应的偏差等几方面入手。

1) 符合性评审

(1) 投标人的资格。核对是否为通过资格预审的投标人;或对未进行资格预审提交的资格材料进行审查,该项工作内容和步骤与资格预审大致相同。

(2)投标文件的有效性。主要是指投标保证的有效性,即投标保证的格式、内容、金额、有效期、开具单位是否符合招标文件要求。

(3)投标文件的完整性。投标文件是否提交了招标文件规定应提交的全部文件,有无遗漏。

(4)与招标文件的一致性。投标文件是否实质上响应了招标文件的要求,具体是指与招标文件的所有条款、条件和规定相符,对招标文件的任何条款、数据或说明是否有任何修改、保留和附加条件。

2)技术性评审

投标文件的技术性评审包括施工方案、工程进度与技术措施、质量管理体系与措施、安全保证措施、环境保护管理体系与措施、资源(劳务、材料、机械设备)、技术负责人等方面是否与国家相应规定及招标项目相符。

3)商务性评审

投标文件的商务性评审主要是指投标报价的审核,审查全部报价数据计算的准确性。如投标书中存在计算或统计的错误,通常的处理方法是:大、小写不一致的以大写为准;单价与数量的乘积之和与所报的总价不一致的应以单价为准;标书正本和副本不一致的,以正本为准。以上修改由招标委员会予以修正后请投标人签字确认,修正后的投标报价对投标人起约束作用;如投标人拒绝确认,则没收其投标保证金。

4)对招标文件响应的偏差

投标文件对招标文件实质性要求和条件响应的偏差分为重大偏差和细微偏差。

所有存在重大偏差的投标文件都属于在初步评审阶段应淘汰的投标书。细微偏差是指投标文件在实质上响应招标文件要求,但在个别地方存在漏项或者提供了不完整的技术信息和数据等情况,并且补正这些遗漏或者不完整不会对其他投标人造成不公平的结果。细微偏差不影响投标文件的有效性。评标委员会应当书面要求存在细微偏差的投标人在评标结束前予以补正,拒不补正的,在详细评审时可以对细微偏差做不利于该投标人的量化,量化标准应在招标文件中规定。

2. 详细评审

详细评审指在初步评审的基础上,对经初步评审合格的投标文件,按照招标文件确定的评标标准和方法,对其技术部分(技术标)和商务部分(经济标)做进一步评审、比较,评定其合理性。在此基础上,再由评标委员会对各投标书分项进行量化比较,从而评定出优劣次序。

3. 对投标文件的澄清

为了有助于对投标文件的审查、评价和比较,评标委员会可以书面方式要求投标人对投标文件中含义不明确、对同类问题表述不一致,或者有明显文字和计算错误的内容做必要的澄清、说明或补正。对于大型复杂工程项目,评标委员会可以分别召集投标人对某些内容进行澄清或说明,在澄清会上对投标人进行质询,先以口头形式询问并解答,随后在规定的

微课:标书澄清
及否决投标

时间内投标人以书面形式予以确认并作出正式答复。但应注意,澄清或说明的问题不允许更改投标价格或投标书的实质内容。

4.2.6 评标结果

1. 出具评标报告

评标委员会完成评标后,应当向招标人提出书面评标报告,阐明评标委员会对投标文件的评审和比较意见,并抄送有关行政监督部门。评标报告应当如实记载以下内容:

(1) 基本情况和数据表;

(2) 评标委员会成员名单;

(3) 开标记录;

(4) 符合要求的投标一览表;

(5) 否决投标的情况说明;

(6) 评标标准、评标方法或者评标因素一览表;

(7) 经评审的价格或者评分比较一览表;

(8) 经评审的投标人排序;

(9) 推荐的中标候选人名单与签订合同前要处理的事宜;

(10) 澄清、说明、补正事项纪要。

评标报告由评标委员会全体成员签字。对评标结论持有异议的评标委员会成员可以书面方式阐述其不同意见和理由。评标委员会成员拒绝在评标报告上签字且不陈述其不同意见和理由的,视为同意评标结论,评标委员会应当对此作出书面说明并记录在案。评标委员会向招标人提交书面评标报告后,应将评标过程中适用的文件、表格以及其他资料即时归还招标人。

2. 废标、否决所有投标和重新招标

评标过程中,评标委员会如果遇到法定的废标情况,可以决定对个别或所有的投标文件作废标处理;或者因有效投标不足,使投标明显缺乏竞争不能达到招标目的,评标委员会可以依法否决所有投标。投标人不足 3 个或所有投标被否决的,招标人应依法重新组织招标。

评标委员会发现投标人以他人的名义投标、串通投标、以行贿手段谋取中标或者以其他弄虚作假方式投标的,该投标人的投标应作废标处理。

在评标过程中,评标委员会发现投标人的报价明显低于其他投标报价或者在设有标底时明显低于标底,使得其投标报价可能低于其个别成本的,应当要求该投标人作出书面说明并提供相关证明材料。投标人不能合理说明或者不能提供相关证明材料的,由评标委员会认定该投标人以低于成本报价竞标,其投标应作废标处理。

评标委员会应当审查每一份投标文件是否对招标文件提出的所有实质性要求和条件作出响应。未能在实质上响应的投标,应作废标处理。

投标文件有下述重大偏差情形之一的,视为非实质性响应标,作废标处理:

(1) 没有按照招标文件要求提供投标担保,或者所提供的投标担保有瑕疵;

(2) 没有按照招标文件要求由投标人授权代表签字并加盖公章;

(3) 投标文件记载的招标项目完成期限超过招标文件规定的完成期限;

(4) 明显不符合技术规格、技术标准的要求;

（5）投标文件记载的货物包装方式、检验标准和方法等不符合招标文件的要求；

（6）投标附有招标人不能接受的条件；

（7）不符合招标文件中规定的其他实质性要求。

《工程建设项目施工招标投标办法》规定有下列情形之一的，评标委员会应当否决其投标：

（1）投标文件未经投标单位盖章和单位负责人签字；

（2）投标联合体没有提交共同投标协议；

（3）投标人不符合国家或者招标文件规定的资格条件；

（4）同一投标人提交两个以上不同的投标文件或者投标报价，但招标文件要求提交备选投标的除外；

（5）投标报价低于成本或者高于招标文件设定的最高投标限价；

（6）投标文件没有对招标文件的实质性要求和条件作出响应；

（7）投标人有串通投标、弄虚作假、行贿等违法行为。

4.2.7　典型训练

扫描下方二维码，完成典型训练。

任务 4.3　定　　标

4.3.1　确定中标候选人与中标人

1. 确定中标候选人

评标委员会推荐的中标候选人应当限定在 1～3 人，并标明排列顺序。

依法必须进行招标的项目，招标人应当自收到评标报告之日起 3 日内公示中标候选人，公示期不得少于 3 日。投标人或者其他利害关系人对依法必须进行招标的项目的评标结果有异议的，应当在中标候选人公示期间提出。招标人应当自收到异议之日起 3 日内作出答复；作出答复前，应当暂停招投标活动。

微课：中标与
合同签订

2. 确定中标人

在评标结果已经公示，没有质疑、投诉，或质疑、投诉均已处理完毕后，可以确定中标人。

国有资金占控股或者主导地位、依法必须进行招标的项目，招标人应当确定排名第一的中标候选人为中标人。排名第一的中标候选人放弃中标、因不可抗力不能履行合同、不按照招标文件要求提交履约保证金,或者被查实存在影响中标结果的违法行为等情形,不符合中标条件的,招标人可以按照评标委员会提出的中标候选人名单排序,依次确定其他中标候选人为中标人,也可以重新招标。

中标候选人的经营、财务状况发生较大变化或存在违法行为,招标人认为可能影响其履约能力的,应当在发出中标通知书前由原评标委员会按照招标文件规定的标准和方法审查确认。

此外,若招标人授权评标委员会直接确定中标人的,应在评标报告形成后确定中标人。

4.3.2 招标备案与发出中标通知书

1. 招标备案

依法必须进行施工招标的工程,招标人应当自确定中标人之日起 15 日内,向工程所在地的县级以上地方人民政府建设行政主管部门或者工程招投标监督管理机构提交施工招投标情况的书面报告。

书面报告应当包括下列内容:

(1) 招标人编写的招投标情况书面报告;

(2) 评标委员会编写的评标报告;

(3) 中标人的投标文件;

(4) 中标通知书;

(5) 建设项目的年度投资计划或立项批准文件;

(6) 经备案的工程项目报建登记表;

(7) 建设工程施工招标备案登记表;

(8) 项目法人单位的法人身份证明书和授权委托书;

(9) 招标公告或投标邀请书;

(10) 投标报名表及合格投标人名单;

(11) 招标文件或资格预审文件(采用资格预审时);

(12) 自行招标有关人员的证明资料;

(13) 如委托工程招标代理机构招标,则需要委托方和代理方签订的"委托工程招标代理合同"。

县级以上地方人民政府建设行政主管部门或者工程招投标监督管理机构自收到书面报告之日起 5 个工作日未提出异议的,招标人可以向中标人发出中标通知书。

2. 发出中标通知书

中标人确定后,招标人应当向中标人发出中标通知书,同时将中标结果通知所有未中标的投标人。中标通知书对招标人和中标人具有法律效力,中标通知书发出后,招标人改变中标结果或者中标人放弃中标项目的,应当依法承担法律责任。

中标通知书中需要载明签订合同的时间、地点等,中标通知书格式如下。

中标通知书

_____（中标人名称）：

你方于_____（投标日期）所递交的_____（项目名称）_____标段施工投标文件已被我方接受，被确定为中标人。

中标价：_____元。

工期：_____日历天。

工程质量：符合_____标准。

项目经理：_____（姓名）。

请你方在接到本通知书后的_____日内到_____（指定地点）与我方签订施工承包合同，同时需按招标文件中"投标人须知"中相关规定向我方提交履约担保。

招标人（盖单位章）：_____

法定代表人（签字）：_____

_____年_____月_____日

4.3.3　签订合同

1. 双方签订合同

招标人和中标人应当自中标通知书发出之日起 30 日内，按照招标文件和中标人的投标文件订立书面合同。招标人和中标人不得再行订立背离合同实质性内容的其他协议。

微课：投标有效期和计价风险

招标人迟迟不确定中标人或者无正当理由不与中标人签订合同的，给予警告，根据情节可处 1 万元以下的罚款；造成中标人损失的，并应当赔偿损失。

如果投标书内提出某些非实质性偏离的意见而发包人也同意接受时，双方应就这些内容谈判达成书面协议，并不改动招标文件中专用条款和通用条款条件。双方将对某些条款协商一致后改动的部分在合同协议书附录中予以明确，合同协议书附录经双方签字后作为合同的组成部分。

2. 退还投标保证金

招标人与中标人签订合同后 5 个工作日内，应当向中标人和未中标的投标人退还投标保证金及银行同期存款利息。中标人不与招标人订立合同的，投标保证金不予退还并取消其中标资格，给招标人造成的损失超过投标保证金数额的，应当对超过部分予以赔偿；没有提交投标保证金的，应当对招标人的损失承担赔偿责任。

3. 提供履约担保

招标文件要求中标人提交履约担保的，中标人应当提交。若中标人不能按时提供履约担保的，可以视为投标人违约，并没收其投标保证金，招标人再与第二中标候选人签订合同。当招标文件要求中标人提供履约担保时,招标人也应当向中标人提供工程款支付担保。

履约担保的有效期始于开工之日,终止时间可以约定为工程竣工交付之日或者保修期满之日。由于合同履行期限应包括保修期,履约担保的时间范围也应该覆盖保修期,如果规定履约担保的终止时间为工程竣工交付之日,则需另外提供工程保修担保。

履约担保可以采用履约保证金、银行保函、履约担保书和同业担保的形式。在投标须知中,招标人需规定使用何种形式的履约担保,中标人应当按照招标文件中的规定提交。

履约担保将在很大程度上促使承包商履行合同约定,完成工程建设任务,从而有利于保护招标人的合法权益。一旦投标人违约,担保人要代为履约或者赔偿经济损失。履约保证金额的大小取决于招标项目的类型与规模,但必须要保证投标人违约时,招标人不受损失,通常可为合同金额的 10%。

4.3.4 典型案例

【案例背景】

2022 年 1 月,甲公司准备对其投资的住宅小区项目进行装饰装修,经研究决定,采取公开招标方式选择施工单位。乙公司参与了投标,并在 3 月 1 日收到中标通知书。按甲公司要求,乙公司于 3 月 15 日开始进场施工,首先建立样板间,在此前后,双方对样板间的验收标准未做约定。

4 月 25 日,甲公司以样板间不合格为由通知乙公司,要求乙公司 3 日内撤离施工现场。乙公司认为,甲公司擅自毁约,不符合《招标投标法》的规定,遂诉至人民法院,要求甲公司继续履约,并签订装修合同。

问题:本案例中,甲方和乙方谁能够胜诉?

【案例解析】

根据《招标投标法》的相关规定,投标人一旦中标即与招标单位之间形成了相应的权利和义务关系,中标通知书即是招标单位与中标单位之间已形成的相应的权利义务关系的证明。招标单位有义务、中标单位有权利要求自中标通知书发出之日起 30 日内,按照招标文件和中标者的投标文件与中标人订立书面合同,招标人和中标人都不得再行订立背离合同实质性内容的其他协议。

本案例中甲公司有义务于 3 月 31 日以前与中标人乙公司签订正式合同,并不得要求乙公司撤离施工现场,如果因甲公司的违约行为给乙公司造成损失,甲公司还应赔偿乙公司的损失。

4.3.5 典型训练

扫描下方二维码,完成典型训练。

学习笔记

项目提升训练

一、单选题

1. 开标应当在招标文件确定的提交投标文件截止时间的（　　）进行。
　A. 当天公开　　　　　　　　　　　B. 当天不公开
　C. 同一时间公开　　　　　　　　　D. 同一时间不公开

2. 某建设单位就一个办公楼群项目进行招标，依据《招标投标法》，该项目的评标工作应由（　　）来完成。
　A. 该建设单位的领导　　　　　　　B. 该建设单位的上级主管部门
　C. 当地的政府部门　　　　　　　　D. 该建设单位依法组建的评标委员会

3. 评标委员会成员应为（　　）人以上的单数，评标委员会中技术、经济等方面的专家不得少于成员总数的（　　）。
　A. 5,2/3　　　　　B. 7,4/5　　　　　C. 7,2/3　　　　　D. 5,1/3

4. 按照《招标投标法》和相关法规的规定，开标后允许（　　）。
　A. 投标人更改投标书的内容和报价　　B. 投标人再增加优惠条件
　C. 评标委员会对投标书的错误加以修正　D. 招标人更改评标、标准和办法

5. 采用综合评分法评审的政府采购货物招标项目，中标候选人评审得分相同时，其排名应（　　）顺序排列。
　A. 按照投标报价由低到高　　　　　B. 按照技术指标优劣
　C. 由评标委员会综合考虑投标情况自定　D. 按照投标报价得分由高到低

6. 招标人和中标人签订合同时，以下签订做法不正确的是（　　）。
　A. 按照招标文件　　　　　　　　　B. 在中标价基础上进行谈判
　C. 按照投标文件　　　　　　　　　D. 按照中标通知书

7. 评标中，如发现某个评标专家存在法定回避情形的，则招标人应（　　）。
　A. 重新组织招标
　B. 重新组建评标委员会进行评标
　C. 重新确定满足要求的专家替代，该评标专家已经完成的评标结果无效
　D. 重新确定满足要求的专家替代，但该评标专家之前完成的评标结果有效

8. 根据《招标投标法》规定，特殊招标项目可以由（　　）直接确定专家。
　A. 招标人　　　　　　　　　　　　B. 行政主管部门
　C. 招标代理机构　　　　　　　　　D. 行政监督部门

9. 某项目 2022 年 3 月 1 日确定了中标人，2022 年 3 月 9 日发出了中标通知书，2022 年 3 月 12 日中标人收到了中标通知书，则签订合同的日期应该不迟于（　　）。
　A. 3 月 31 日　　　　B. 4 月 5 日　　　　C. 4 月 8 日　　　　D. 4 月 12 日

10. 根据《招标投标法》，关于中标通知书的法律效力，下列说法中正确的是（　　）。
　A. 中标通知书只对招标人具有法律效力
　B. 中标通知书只对中标人具有法律效力
　C. 中标通知书对招标人和招标代理机构均具有法律效力

D. 中标通知书对招标人和中标人均具有法律效力

11. 以联合体身份中标的,联合体各方应当(　　)与招标人签订合同。

A. 分别
B. 共同
C. 推选1名代表
D. 由承担主要责任的公司

12. 履约保证金额的大小取决于招标项目的类型与规模,但必须要保证投标人违约时,招标人不受损失,通常可为合同金额的(　　)。

A. 10%
B. 2%
C. 15%
D. 7%

13. 根据《招标投标法》的有关规定,评标委员会完成评标后应当(　　)。

A. 向招标人提出口头评标报告,并推荐合格的中标候选人
B. 向招标人提出书面评标报告,并决定合格的中标候选人
C. 向招标人提出口头评标报告,并决定合格的中标候选人
D. 向招标人提出书面评标报告,并推荐合格的中标候选人

14. 对于中标通知书的法律效力,下列说法正确的是(　　)。

A. 中标通知书就是正式的合同
B. 中标通知书属于要约邀请
C. 中标通知书属于要约
D. 中标通知书属于承诺

15. 某图书馆项目,评标由依法组建的评标委员会负责,甲、乙、丙、丁、戊5人组成评标委员会,下列做法符合《招标投标法》规定的有(　　)。

A. 甲接受某投标单位的请客吃饭
B. 乙在学校领导的授意下,向某投标单位泄露标底
C. 丙拒绝向权威媒体透露关于中标候选人的推荐情况
D. 丁接受某投标单位为其提供的欧洲旅游

16. 关于招标人与中标人订立合同的描述,下列做法错误的是(　　)。

A. 应按照招标文件和中标人的投标文件订立合同
B. 不得订立背离合同实质性内容的协议
C. 中标人不履行与招标人订立的合同的,履约保证金不予退还
D. 给招标人造成的损失超过履约保证金数额的,超过部分不再予以赔偿

17. 根据《招标投标法》,中标通知书发出后30日内,招标人与中标人应当按照招标文件和(　　)订立书面合同。

A. 中标后的降价函
B. 中标人的投标文件
C. 合同谈判结果
D. 中标通知书

18. 以下关于评标报告签署的说法正确的是(　　)。

A. 评标报告应当由评标委员会半数以上成员签字
B. 对评标结果有不同意见的评标委员会成员应当口头说明其不同意见和理由
C. 评标报告中不需列明中标候选人排序
D. 评标委员会成员拒绝在评标报告上签字又不书面说明其不同意见和理由的,视为同意评标结果

19. 投标人不足(　　)个或所有投标被否决的,招标人应依法重新组织招标。

A. 5
B. 3
C. 2
D. 7

20. 县级以上地方人民政府建设行政主管部门或者工程招投标监督管理机构自收到书面报告之日起( )个工作日未提出异议的,招标人可以向中标人发出中标通知书。

    A. 5   B. 10   C. 15   D. 30

二、多选题

1. 下列关于评标原则和评标纪律的说法正确的有( )。

    A. 评标报告应以招标人的名义出具

    B. 任何单位和个人不得非法干预、影响评标办法的确定

    C. 评标委员会由招标人组建并受其委托评标,但应保持独立

    D. 评标委员会成员不得向招标人征询确定中标人的意向

    E. 评标委员会成员个人对评标结果负责

2. 下列属于否决投标情况和条件的有( )。

    A. 投标人以他人名义投标、串通投标的

    B. 未能在实质上响应招标文件要求的投标

    C. 投标人拒不按照要求对投标文件进行澄清、说明或补正的

    D. 在评标过程中,评标委员会发现投标人以行贿的手段谋取中标的

    E. 投标人在投标截止时间后提交投标文件的

3. 下列情形,未对招标文件作出实质性响应的有( )。

    A. 投标文件明显不符合技术规范、技术标准的要求

    B. 投标文件中对合同条款生效设置前提条件

    C. 报价大写、小写不一致

    D. 未按招标文件规定提交投标保证金

    E. 对招标文件作出实质性响应

4. 关于国有资金投资的依法必须进行招标的项目,下列说法正确的是( )。

    A. 招标人应当确定排名第一的中标候选人为中标人

    B. 排名第一的中标候选人放弃中标、因不可抗力不能履行合同、不符合中标条件的,招标人可以按照评标委员会提出的中标候选人名单排序依次确定其他中标候选人为中标人,也可以重新招标

    C. 排名第一的中标候选人不按照招标文件要求提交履约保证金,或者被查实存在影响中标结果的违法行为等情形,招标人可以重新招标

    D. 经综合评估法评审,招标人可以从三个中标候选人中选择报价最低的候选人为中标人

    E. 招标人可以在中标候选人中选择适当的中标人

5. 关于评标程序和评标报告,下列错误的有( )。

    A. 不得以投标报价是否接近标底作为中标条件,也不得以投标报价超过标底上下浮动范围作为否决投标的条件

    B. 评标委员会可以接受投标人主动提出的澄清、说明

    C. 对评标结果有不同意见的评标委员会成员应当以书面的形式说明其不同意见和理由,评标委员会应当注明该不同意见

    D. 评标委员会成员拒绝在评标报告上签字又不说明其不同意见和理由的,视为不同意评标结果

    E. 评标委员会可以要求投标人对投标文件中含义不明的内容修改后再提交

6. 根据《招标投标法》,评标委员会人员组成中应满足(　　)。

    A. 总人数为 5 人以上的单数

    B. 必须有政府主管部门的人员参加评标

    C. 技术经济专家不得少于总人数的三分之二

    D. 技术经济专家不得少于 3 人

    E. 总人数为 3 人以上的单数

7. 属于投标人相互串通投标的有(　　)。

    A. 投标人之间协商投标报价等投标文件的实质性内容

    B. 投标人之间约定中标人

    C. 投标人之间约定部分投标人放弃投标或者中标

    D. 属于同一集团、协会、商会等组织成员的投标人按照该组织要求协同投标

    E. 投标人之间为谋取中标或者排斥特定投标人而采取的其他联合行动

8. 下列投标文件由评标委员会初审后应当按无效标处理的是(　　)。

    A. 投标文件未按要求密封　　　　　　　B. 不符合资格条件

    C. 以其他弄虚作假方式投标　　　　　　D. 低于成本报价竞标

    E. 拒不按照要求对投标文件进行澄清、说明或者补正的

9. 在评标过程中,参加评标委员会的评标专家一般应由(　　)。

    A. 主管部门聘请　　　　　　　　　　　B. 主管部门指定

    C. 业主或招标单位聘请　　　　　　　　D. 专家库中随机抽取

    E. 国务院决定聘任

10. 下列情况属于重大偏差的是(　　)。

    A. 投标人资格条件不符合国家有关规定和招标文件要求的

    B. 投标文件明显不符合技术规格、技术标准的要求

    C. 投标文件没有投标人授权代表签字和加盖公章

    D. 没有按照招标文件要求提供投标担保或者所提供的投标担保有瑕疵

    E. 投标文件中的大写金额和小写金额不一致

三、简答题

1. 开标的程序有哪些?

2. 简述评标委员会的组成。

3. 评标报告包括哪些内容?

4. 在评标过程中,初步评审包括哪些内容?

5. 建设工程项目中,常用的评标方法有哪些?

四、案例分析题

1. 某工程 EPC 合同谈判时,中标的承包单位针对合同中的工期提出延长的请求,理由为 EPC 合同履行过程中,包含春节这一重大节日,因此,要求在签订的 EPC 合同中,将

工期延长 15 天,业主没有同意。业主管理人员认为,如果答应承包单位工期延长的请求,将承担《招标投标法实施条例》第七十五条规定的法律责任,具体为,招标人和中标人不按照招标文件和中标人的投标文件订立合同,合同的主要条款与招标文件、中标人的投标文件的内容不一致,或者招标人、中标人订立背离合同实质性内容的协议的,由有关行政监督部门责令改正,可以处中标项目金额 5‰以上 10‰以下的罚款。

承包单位提出的延长工期的请求没有获得同意后,承包单位接着对拟签订的 EPC 合同中对承包单位的违约责任提出意见,认为针对某项违约行为将承担合同总金额每日万分之五的比例过高,建议调低到每日万分之一。同时,承包单位也提出,对于违约责任,不属于《招标投标法实施条例》明确规定不得谈判的范畴,属于可以谈判的范畴。

问题:在中标通知书发出后的 30 日内,招标人与中标人在进行合同谈判时,哪些内容不能谈判?

2. 某承包商编制投标文件,将技术标和商务标分别封装,在封口处加盖本单位公章和项目经理签字后,在投标截止日期前 1 天上午将投标文件报送业主。次日(投标截至当天)下午,在规定开标时间前 1 小时,该承包商又递交了一份补充材料报送业主,声明将原报价降低 4%。但是,业主单位有关人员认为,根据国际上"一标一投"的惯例,一个承包商不得递交两份投标文件,因而拒收承包商的补充材料。

开标会在招标办的工作人员组织下召开,市公证处公证员到会,各投标单位代表到场。开标前,公证处人员对投标单位资质进行审查,并对所有投标文件进行审查,确认所有投标文件均有效后再开标。

问题:该项目投标过程中存在哪些问题?

项目 5 合同法律法规基础理论

项目学习导图

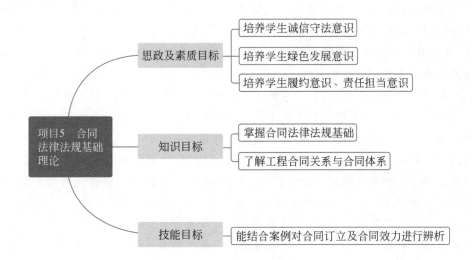

项目5 合同法律法规基础理论

思政及素质目标
- 培养学生诚信守法意识
- 培养学生绿色发展意识
- 培养学生履约意识、责任担当意识

知识目标
- 掌握合同法律法规基础
- 了解工程合同关系与合同体系

技能目标
- 能结合案例对合同订立及合同效力进行辨析

工程项目引例

劳动合同签对时间了吗?

【项目背景】

某上海贸易公司招聘销售人员,张某前去应聘,因张某以前从事过销售工作,该贸易公司对张某的经历比较满意,双方当即签订一份劳动合同;该贸易公司要求张某尽快报到上班,张某则表示需处理一些事务后方能报到上班,于是双方在劳动合同中又约定该合同于签订一个月后正式生效并履行。

几日后,张某去办理社会保险费转移手续时发生交通事故而受伤,经治疗后留下腿部疾患。一个月后,张某依约去该贸易公司报到上班,因腿部疾患不便外出而要求公司照顾安排其他工作,并要求公司对其办理社会保险费转移手续时发生的交通事故做工伤处理。该贸易公司认为张某的交通事故与本单位无关,双方因此发生争议。

双方观点如下:

张某认为,劳动合同依法订立即具有法律约束力,当事人必须履行劳动合同规定的义务,因此,公司应按合同规定履行相应义务;按照本市关于工伤处理的相关规定,自己在办理与工作有关的社会保险费转移事务时发生的意外事故应认作工伤,公司应当按工伤事故的规定处理并给予工作照顾。

　　贸易公司认为,当事人双方虽然已经签订劳动合同,但双方已在劳动合同中约定了合同的生效履行时间,双方就应当按约定执行;张某的交通事故发生在劳动合同尚未履行期间,因此,张某的交通事故与本企业无关。

【评析启示】

　　本案的争议焦点是劳动合同在签订后但未实际履行前对双方是否产生法律约束力。

　　《中华人民共和国劳动法》(以下简称《劳动法》)规定:"劳动合同依法订立即具有法律约束力,当事人必须履行劳动合同规定的义务",根据该条规定,劳动合同依法订立后即产生了法律约束力,当事人有了必须履行合同规定的义务;《劳动法》的此项规定,是对当事人没有作出劳动合同生效时间、生效条件、履行起始等特别约定情况下适用的一般规定,在此情况下,劳动合同自当事人签字之日生效,当事人依法承担履行劳动合同规定义务的责任。

　　如果当事人在签订劳动合同时,又作出了合同生效时间、生效条件、履行起始等特别约定的,《上海市劳动合同条例》对此约定的法律约束力作了明确规定:"劳动合同自当事人签字之日起生效,当事人对生效的期限或者条件有约定的,从其约定;劳动合同当事人应当按照合同约定的起始时间履行劳动合同,劳动合同约定的起始时间与实际履行的起始时间不一致的,按实际履行的起始时间确认。"根据以上规定,劳动合同的生效有当事人签字之日起生效或按当事人的约定生效两种方式,劳动合同的履行起始有按当事人的约定时间履行及实际履行两种方式。未生效的劳动合同对当事人双方均无法律意义上的约束力;在双方当事人尚未依约实际履行劳动合同时,当事人不具备履行劳动合同规定义务的责任。劳动合同条例的这些规定,为体现当事人在特殊情况下处理劳动合同生效履行的自主性提供了法律依据。

　　本案中,张某与贸易公司签订的劳动合同特别约定了签订一个月后正式生效履行,当事人的这个履行起始的约定符合劳动合同条例的规定。根据这个约定,当事人的具体劳动权利义务应于合同实际履行后确立,张某在合同生效履行前发生的意外事故与贸易公司无关,其要求贸易公司履行合同义务认定其为工伤事故缺乏依据。

任务 5.1　认 识 合 同

5.1.1　合同的概念与订立原则

1. 合同的概念

《中华人民共和国民法典》(以下简称《民法典》)规定,合同是民事主体之间设立、变更、终止民事法律关系的协议。

微课:认识
《民法典》

合同具有以下法律特征:①合同是一种法律行为;②合同的当事人法律地位一律平等,双方自愿协商,任何一方不得将自己的观点、主张强加给另一方;③合同的目的在于设立、变更、终止民事权利义务关系;④合同的成立必须有两个以上当事人;两个以上当事人不仅作出意思表示,而且意思表示是一致的。

2. 合同订立原则

合同在订立过程中,应遵循以下 5 项基本原则。

1) 自愿原则

《民法典》规定,民事主体从事民事活动,应当遵循自愿原则,按照自己的意思设立、变更、终止民事法律关系。

自愿原则体现了民事活动的基本特征,是民事法律关系区别于行政法律关系、刑事法律关系的特有原则。自愿原则贯穿于合同活动的全过程,包括订不订立合同自愿,与谁订立合同自愿,合同内容由当事人在不违法的情况下自愿约定,在合同履行过程中当事人可以协议补充、协议变更有关内容,双方也可以协议解除合同,可以约定违约责任,以及自愿选择解决争议的方式。总之,只要不违背法律和行政法规强制性的规定,合同当事人有权自愿决定,任何单位和个人不得非法干预。

2) 公平原则

《民法典》规定,民事主体从事民事活动,应当遵循公平原则,合理确定各方的权利和义务。

公平原则主要包括:①订立合同时,要根据公平原则确定双方的权利和义务,不得欺诈,不得假借订立合同恶意进行磋商;②根据公平原则确定风险的合理分配;③根据公平原则确定违约责任。

公平原则作为合同当事人的行为准则,可以防止当事人滥用权利,保护当事人的合法权益,维护和平衡当事人之间的利益。

3) 诚信原则

《民法典》规定,民事主体从事民事活动,应当遵循诚信原则,秉持诚实,恪守承诺。

诚信原则主要包括:①订立合同时,不得有欺诈或其他违背诚信的行为;②履行合同义务时,当事人应当根据合同的性质、目的和交易习惯,履行及时通知、协助、提供必要条件、防止损失扩大、保密等义务;③合同终止后,当事人应当根据交易习惯,履行通知、协助、保密等义务,也称后契约义务。

4) 合法及不得违背公序良俗原则

《民法典》规定,民事主体从事民事活动,不得违反法律,不得违背公序良俗。

一般来讲,合同的订立和履行,属于合同当事人之间的民事权利义务关系,只要当事人的意思不与法律规范、社会公序良俗相抵触,即承认合同的法律效力。但是,合同绝不仅仅是当事人之间的问题,有时可能会涉及社会公共利益、社会公德和经济秩序。为此,对于损害社会公共利益、扰乱社会经济秩序的行为,国家应当予以干预,但这种干预要依法进行,由法律、行政法规作出规定。

5) 有利于节约资源、保护生态环境原则

《民法典》规定,民事主体从事民事活动,应当有利于节约资源、保护生态环境。

有利于节约资源、保护生态环境原则是 项限制性的"绿色原则",即民事主体在从事民事行为过程中,不仅要遵循自愿、公平、诚信原则,不得违反法律和公序良俗,还必须兼顾社会环境公益,有利于节约资源和生态环境保护,否则,将不受法律的保护与支持。

5.1.2　合同的分类

合同的分类是指按照规定的标准,将合同划分成不同的类型。合同的分类,有利于当事人找到能达到自己交易目的的合同类型,订立符合自己愿望的合同条款,便于合同的履行,也有助于司法机关在处理合同纠纷时准确地适用法律,正确处理合同纠纷。

1. 合同基本分类

1) 有名合同与无名合同

根据法律是否对合同规定一定的名称,可以将合同分为有名合同与无名合同。

有名合同(又称典型合同),是指法律上已经确定了一定的名称及具体规则的合同,如建设工程合同等。

有名合同在市场经济活动和社会活动中应用普遍,根据《民法典》第三编合同的第二分编有名合同部分可将合同分为 19 类:买卖合同;供用电、水、气、热力合同;赠予合同;借款合同;保证合同;租赁合同;融资租赁合同;保理合同;承揽合同;建设工程合同;运输合同;技术合同;保管合同;仓储合同;委托合同;物业服务合同;行纪合同;中介合同;合伙合同。其中,保证合同、保理合同、物业服务合同和合伙合同是《民法典》在原《中华人民共和国合同法》规定的 15 种有名合同基础上新增的。

无名合同(又称非典型合同),是指法律上尚未确定一定的名称与规则的合同。合同当事人可以自由决定合同的内容,即使当事人订立的合同不属于有名合同的范围,只要不违背法律的禁止性规定和社会公共利益,仍然是有效的。

有名合同与无名合同的区分意义,主要在于两者适用的法律规则不同。对于有名合同,应当直接适用《民法典》的相关规定,如建设工程合同直接适用《民法典》中"建设工程合同"的规定。对于无名合同,首先应当适用《民法典》的一般规则,然后可比照最相类似的有名合同的规则,确定合同效力、当事人权利义务等。

2) 双务合同与单务合同

根据合同当事人是否互相负有给付义务,可以将合同分为双务合同和单务合同。

双务合同,是指当事人双方互负对待给付义务的合同,即双方当事人互享债权、互负债务,一方的合同权利正好是对方的合同义务,彼此形成对价关系。例如,建设工程施工合同中,承包人有获得工程价款的权利,而发包人则有按约支付工程价款的义务。大部分合同都是双务合同。

单务合同,是指合同当事人中仅有一方负担义务,而另一方只享有合同权利的合同。例如,在赠予合同中,受赠人享有接受赠予物的权利,但不负担任何义务。无偿委托合同、无偿保管合同均属于单务合同。

3) 诺成合同与实践合同

根据合同的成立是否需要交付标的物,可以将合同分为诺成合同和实践合同。

诺成合同(又称不要物合同),是指当事人双方意思表示一致就可以成立的合同。大多数的合同都属于诺成合同,如建设工程合同、买卖合同、租赁合同等。

实践合同(又称要物合同),是指除当事人双方意思表示一致以外,尚需交付标的物才能成立的合同,如保管合同。

4) 要式合同与不要式合同

根据法律对合同的形式是否有特定要求,可以将合同分为要式合同与不要式合同。

要式合同,是指根据法律规定必须采取特定形式的合同。如《民法典》规定,建设工程合同应当采用书面形式。

不要式合同,是指当事人订立的合同依法并不需要采取特定的形式,当事人可以采取口头方式,也可以采取书面形式或其他形式。

要式合同与不要式合同的区别,实际是一个关于合同成立与生效的条件问题。如果法律规定某种合同必须经过批准才能生效,则合同未经批准便不生效;如果法律规定某种合同必须采用书面形式才成立,则当事人未采用书面形式时合同便不成立。

5) 有偿合同与无偿合同

根据合同当事人之间的权利义务是否存在对价关系,可以将合同分为有偿合同与无偿合同。

有偿合同,是指一方通过履行合同义务而给对方某种利益,对方要得到该利益必须支付相应代价的合同,如建设工程合同等。

无偿合同,是指一方给付对方某种利益,对方取得该利益时并不支付任何代价的合同,如赠予合同等。

6) 主合同与从合同

根据合同相互间的主从关系,可以将合同分为主合同与从合同。

主合同是指能够独立存在的合同;依附于主合同才能存在的合同为从合同。例如,发包人与承包人签订的建设工程施工合同为主合同,为确保该主合同的履行,发包人与承包人签订的履约保证合同为从合同。

2. 建设工程合同体系

一个建设工程项目的实施,需要许多单位共同参与,不同的建设任务通常由不同的单位分别承担,参与单位与发包人之间应通过合同明确承担的责任和义务。

由于建设工程项目规模和特点的差异,不同项目的合同数量也会有较大差别,大型建设项目可能会有成百上千个合同。不论合同数量的多少,根据合同中具体任务内容可划分为勘察合同、设计合同、施工承包合同、物资采购合同、工程监理合同、咨询合同、代理合同等。从发包人以及承包人角度出发,对建设工程中常见合同分为以下几类。

1) 发包人角度出发

发包人作为工程所有者,按照不同工程项目的实施策略,其签订的合同种类和形式通常有如下几种。

(1)建设工程勘察合同。建设工程勘察,是指根据建设工程的要求,查明、分析、评价建设场地的地质地理环境特征和岩土工程条件,编制建设工程勘察文件的活动。建设工程勘察合同即发包人与勘察人就完成商定的勘察任务明确双方权利义务关系的协议。

(2)建设工程设计合同。建设工程设计,是指根据建设工程的要求,对建设工程所需的技术、经济、资源、环境等条件进行综合分析、论证,编制建设工程设计文件的活动。建设工程设计合同即发包人与设计人就完成商定的工程设计任务明确双方权利义务关系的协议。

（3）建设工程施工承包合同。建设工程施工，是指根据建设工程设计文件的要求，对建设工程进行新建、扩建、改建的施工活动。建设工程施工承包合同即发包人与承包人为完成商定的建设工程项目的施工任务而明确双方权利与义务关系的协议。发包人可以根据自身情况以及项目特点等因素考虑采用不同形式的发承包模式，例如可以将工程施工分专业、分阶段进行发包，也可以将上述工作进行合并委托，还可以采用"设计—采购—施工"总承包模式。

（4）物资采购合同。物资采购合同分建筑材料采购合同和设备采购合同，是指采购方与供货方就建设物资的供应明确双方权利义务关系的协议。如工程物资采购由发包人负责，则发包人作为采购方与供货方进行签订合同，如由承包人负责，则是承包人签订物资采购合同。

（5）建设工程监理合同。建设工程监理合同是建设单位与监理人签订、委托监理人承担工程监理任务并明确双方权利义务关系的协议。

（6）建设工程咨询服务合同。咨询服务，根据其咨询服务的内容和服务的对象不同可以分为多种形式。咨询服务合同是由委托人与咨询服务的提供者之间就咨询服务的内容、方式等签订的明确双方权利义务关系的协议。

2）承包人角度出发

承包人是工程承包合同的执行者，完成承包合同所约定的工程范围内的设计施工、竣工和缺陷维修任务。承包人往往不可能具备承包合同范围内所有专业工程的施工能力、材料和设备的生产供应能力，同样需要将许多专业工程或工作委托出去。因此从承包人角度出发，有如下几种类型合同。

（1）工程分包合同。承包人将自己承包工程中的某些专业工程的施工分包给另一个承包商完成，与其签订分包合同。

（2）采购加工合同。承包人为保证工程推进的必要材料和设备的采购和供应，必须与供应商签订采购合同，承包商将建筑构配件、特殊构件的加工任务委托给加工承揽单位而签订采购加工合同。

（3）劳务供应合同。劳务供应合同是指承包人与劳务供应商签订的合同，由劳务供应商向工程提供劳动力。

（4）租赁合同。在工程中，承包人需要多种施工设备、运输设备、周转材料。当有些设备、周转材料在现场使用率较低，或承包人不具备自己购置设备的资金实力时，可以采用租赁方式，与租赁单位签订租赁合同。

5.1.3 典型案例

【案例背景】

2018年10月20日，原告席某某与被告成都某公司签订《九里堤农贸市场铺面特许经营权转让合同》，约定：原告加盟获得九里堤农贸市场摊位的特许经营权，总价款为63 000元，特许经营权使用权限为30年，原告所取得的摊位仅限于经营蔬菜；原告所取得的摊位特许经营权可以依法进行自营、转让、出租、联营等；甲方（被告）有权按相关规定对乙方

(原告)经营活动进行监督管理,以及乙方须服从甲方的统一经营管理并接受其监督等双方权利义务与违约责任等。合同签订后,原告按约向被告给付了"特许经营权"费63 000元,被告亦按约将该摊位交付原告使用。嗣后,原告认为被告的"特许经营转让"违反法律、行政法规强制性规定,遂向法院提起诉讼,请求确认转让合同无效,被告返还价款63 000元及利息。

问题:请分析本案例中法院是否会驳回该诉讼请求?理由是什么?

【案例解析】

法院会驳回该诉讼请求。理由如下:合同是当事人根据自身特定需求签订的风险分配协议,每个当事人订立合同的目的、内容以及外界环境各有不同,因而违约责任的分担也具有高度个性化的特征。限于条文数量、立法技术水平等种种条件,《民法典》规定了若干种较为典型的合同类型,那些法律没有规定的合同类型就只能当作无名合同对待。然而,法官不能拒绝裁判,法官依然要对无名合同纠纷做出裁判。此时,法官必须以无名合同等各自的概念和法律特征为参照,并结合本案合同的法律关系及其所指向的标的等进行比照分析。

5.1.4　典型训练

扫描下方二维码,完成典型训练。

任务5.2　订立合同

5.2.1　订立合同的形式

1. 合同的形式

微课:订立合同

《民法典》规定,当事人订立合同,可以采用书面形式、口头形式或者其他形式。书面形式是合同书、信件、电报、电传、传真等可以有形地表现所载内容的形式。以电子数据交换、电子邮件等方式能够有形地表现所载内容,并可以随时调取查用的数据电文,视为书面形式。

书面形式合同的内容明确,有据可查,对于防止和解决争议有积极意义。口头形式合同具有直接、简便、快速的特点,但缺乏凭证,一旦发生争议,难以取证,且不易分清责任。其他形式合同,可以根据当事人的行为或者特定情形推定合同的成立,也可以称为默示合同。

《民法典》明确规定,建设工程合同应当采用书面形式。

2. 合同示范文本

《民法典》规定,当事人可以参照各类合同的示范文本订立合同。

1）合同示范文本的作用

合同示范文本，是指由规定的国家机关事先拟定的对当事人订立合同起示范作用的合同文本。多年的实践表明，如果缺乏合同示范文本，一些当事人签订的合同不规范，条款不完备，漏洞较多，将给合同履行带来很大困难，不仅影响合同履约率，还导致合同纠纷增多，解决纠纷的难度增大。

2）建设工程合同示范文本

国务院建设行政主管部门和国务院原工商行政管理部门，相继制定了《建设项目工程总承包合同（示范文本）》《建设工程勘察合同（示范文本）》《建设工程设计合同（示范文本）》《建设工程委托监理合同（示范文本）》《建设工程施工合同（示范文本）》《建设工程施工专业分包合同（示范文本）》《建设工程施工劳务分包合同（示范文本）》等。

3）合同示范文本的法律地位

合同示范文本对当事人订立合同起参考作用，但不要求当事人必须采用合同示范文本，即合同的成立与生效同当事人是否采用合同示范文本无直接关系。合同示范文本具有引导性、参考性，但无法律强制性，为非强制性使用文本。

《民法典》规定，格式条款是当事人为了重复使用而预先拟定，并在订立合同时未与对方协商的条款。采用格式条款订立合同的，提供格式条款的一方应当遵循公平原则确定当事人之间的权利和义务，并采取合理的方式提示对方注意免除或者减轻其责任等与对方有重大利害关系的条款，按照对方的要求，对该条款予以说明。提供格式条款的一方未履行提示或者说明义务，致使对方没有注意或理解与其有重大利害关系的条款的，对方可以主张该条款不成为合同的内容。

5.2.2 订立合同的内容

合同的内容，即合同当事人的权利和义务，除法律规定的以外，主要由合同的条款确定。合同的内容由当事人约定，一般包括以下条款。

1. 当事人的姓名或者名称和住所

当事人由其姓名或者名称和住所加以特定化、固定化，在合同中明确当事人的基本情况，有利于合同的顺利履行以及后期发生争议时确定诉讼管辖。

2. 标的

标的是合同权利和义务所共同指向的对象，如有形财产、无形财产、劳务、工作成果等。合同的标的必须明确、具体、合法，标的没有或不明确的，合同无法履行或不能成立。

3. 数量

数量是衡量合同标的多少的尺度，以数字和计量单位表示。若双方未约定具体数量，则合同无法履行。在确定数量时应选择使用共同接受的计量单位、计量方法和计量工具。

4. 质量

质量是标的的内在品质和外观形态的综合指标，如产品的品种、型号、规格和工程项目的标准等。签订合同时，可约定质量检验方法、质量责任期限与条件、对质量提出异议的条件与期限等。质量要求不明确的,按照强制性国家标准履行;没有强制性国家标准的,按照推荐性国家标准履行;没有推荐性国家标准的,按照行业标准履行;没有国家标准、行业标准的,按照通常标准或者符合合同目的的特定标准履行。

5. 价款或者报酬

价款或者报酬是指当事人一方履行义务时另一方以货币形式支付的代价,在合同中应规定清楚计算价款或者报酬的方法。价款通常指标的物本身的价款,但因商业上的大宗买卖一般是异地交货,便产生了运费、保险费、装卸费、保管费、报关费等一系列额外费用,这些费用由哪一方支付,需在价款条款中写明。

6. 履行期限、地点和方式

履行期限是当事人各方依照合同规定全面完成各自义务的时间。履行期限直接关系到合同义务完成的时间,涉及当事人的期限利益,也是确定违约与否的一个重要因素。履行地点是指当事人交付标的和支付价款或报酬的地点,是确定运输费用由谁负担、风险由谁承受的依据。履行方式是当事人完成合同规定义务的具体方法。履行方式包括很多方面的内容,如标的的交付方式、价款或报酬的结算方式、货物运输方式等。

7. 违约责任

违约责任是任何一方当事人不履行或不适当履行合同规定的义务而应承担的法律责任。当事人可在合同中约定定金、违约金、赔偿金额以及赔偿金的计算方法等。

8. 解决争议的方法

解决争议的方法是指当事人在订立合同时约定,在合同履行过程中产生争议以后,通过何种方式来解决,即解决争议运用什么程序、适用何种法律、选择哪家检验或鉴定机构等内容。

例如,在建设工程合同中,建设工程施工合同作为其重要部分之一,在《民法典》中规定,施工合同的内容一般包括工程范围、建设工期、中间交工工程的开工和竣工时间、工程质量、工程造价、技术资料交付时间、材料和设备供应责任、拨款和结算、竣工验收、质量保修范围和质量保证期、相互协作等条款。

5.2.3　订立合同的程序

合同订立,是指缔约人进行意思表示并达成一致意见的状态,包括缔约各方自接触、协商、达成协议前讨价还价的整个动态过程和静态协议。合同订立是交易行为的法律运作。

合同成立,是指当事人就合同主要条款达成了合意。合同成立需具备下列条件:①存在两方以上的订约当事人;②订约当事人对合同主要条款达成一致意见。

合同的成立一般要经过要约和承诺两个阶段。《民法典》规定,当事人订立合同,可以采取要约、承诺方式或者其他方式。

1. 要约

《民法典》规定,要约是希望与他人订立合同的意思表示。

发出要约的人称为要约人,接受要约的人称为受要约人。在国际贸易实务中,也称发盘、发价、报价。

1）要约的构成要件

要约是希望与他人订立合同的意思表示，该意思表示应当符合下列条件。

（1）内容具体确定。所谓具体，是指要约的内容须具有足以使合同成立的主要条款。如果没有包含合同的主要条款，受要约人难以作出承诺，即使作出了承诺，也会因为双方的这种合意不具备合同的主要条款而使合同不能成立。所谓确定，是指要约的内容须明确，不能含糊不清，否则无法承诺。

（2）表明经受要约人承诺，要约人即受该意思表示约束。要约须具有订立合同的意图，表明一经受要约人承诺，要约人即受该意思表示的约束。要约作为表达希望与他人订立合同的一种意思表达，其内容已经包含了可以得到履行的合同成立所需要具备的基本条件。

2）要约邀请

《民法典》规定，要约邀请是希望他人向自己发出要约的表示。拍卖公告、招标公告、招股说明书、债券募集办法、基金招募说明书、商业广告和宣传、寄送的价目表等为要约邀请。商业广告和宣传的内容符合要约条件的构成要约。

要约邀请可以是向特定人发出，也可以是向不特定的人发出。要约邀请只是邀请他人向自己发出要约，如果自己承诺才成立合同。因此，要约邀请处于合同的准备阶段，没有法律约束力。

在建设工程招标投标活动中，招标文件是要约邀请，对招标人不具有法律约束力；投标文件是要约，应受自己作出的与他人订立合同的意思表示的约束。

3）要约的法律效力

《民法典》规定，要约生效的时间适用本法第137条的规定。该法第137条规定，以对话方式作出的意思表示，相对人知道其内容时生效。以非对话方式作出的意思表示，到达相对人时生效。以非对话方式作出的采用数据电文形式的意思表示，相对人指定特定系统接收数据电文的，该数据电文进入该特定系统时生效；未指定特定系统的，相对人知道或者应当知道该数据电文进入其系统时生效。当事人对采用数据电文形式的意思表示的生效时间另有约定的，按照其约定。

要约的有效期间由要约人在要约中规定。要约人如果在要约中定有存续期间，受要约人必须在此期间内承诺。要约可以撤回，按照《民法典》的规定，即行为人可以撤回意思表示。撤回意思表示的通知应当在意思表示到达相对人前或者与意思表示同时到达相对人。

有下列情形之一的，要约不得撤销：①要约人以确定承诺期限或者其他形式明示要约不可撤销；②受要约人有理由认为要约是不可撤销的，并已经为履行合同做了合理准备工作。

2. 承诺

《民法典》规定，承诺是受要约人同意要约的意思表示。如招标人向投标人发出的中标通知书，是承诺。

1）承诺的方式

承诺应当以通知的方式作出；但是，根据交易习惯或者要约表明可以通过行为作出承诺的除外。这里的行为通常是履行行为，如预付价款、工地上开始工作等。

2）承诺的生效

《民法典》规定,承诺生效时合同成立,但是法律另有规定或者当事人另有约定的除外。以通知方式作出的承诺,生效的时间适用《民法典》第137条的规定。承诺不需要通知的,根据交易习惯或者要约的要求作出承诺的行为时生效。

3）承诺的内容

承诺的内容应当与要约的内容一致。受要约人对要约的内容作出实质性变更的,为新要约。有关合同标的、数量、质量、价款或者报酬、履行期限、履行地点和方式、违约责任和解决争议方法等的变更,是对要约内容的实质性变更。

5.2.4　典型案例

【案例背景】

甲建筑公司(以下简称甲公司)拟向乙建材公司(以下简称乙公司)购买一批钢材。双方经口头协商,约定购买钢150吨,单价每吨3500元,并拟订了准备签字盖章的买卖合同文本,乙公司签字盖章后,交给了甲公司准备签字盖章。由于施工进度紧张,在甲公司催促下,乙公司在未收到甲公司签字盖章的合同文本情形下,将150吨钢材送到甲公司工地现场。甲公司接收并投入工程使用,后因拖欠货款,双方产生了纠纷。

问题：甲、乙公司的买卖合同是否成立?

【案例解析】

《民法典》第490条规定:"当事人采用合同书形式订立合同的,自当事人均签名、盖章或者按指印时合同成立。在签名、盖章或者按指印之前,当事人一方已经履行主要义务,对方接受时,该合同成立。法律、行政法规规定或者当事人约定合同应当采用书面形式订立,当事人未采用书面形式但是一方已经履行主要义务,对方接受时,该合同成立。"据此,甲、乙公司的买卖合同依法成立。

5.2.5　合同订立后的效力

1. 合同生效的时间

《民法典》规定,依法成立的合同,自成立时生效,但是法律另有规定或者当事人另有约定的除外。合同一经生效,当事人即享有合同中所约定的权利和承担合同中所约定的义务,任何单位或个人都不得对合同当事人进行干涉。

1）合同生效时间的一般规定

口头合同自受要约人承诺时生效,书面合同自当事人双方签字或者盖章时生效。法律规定应当采用书面形式的合同,当事人虽未采用书面形式但已经履行全部或者主要义务的,可以视为合同有效。法律、行政法规规定应当办理批准、登记等手续生效的,依照其规定确定合同生效时间。

2）附条件和附期限合同的生效时间

根据《民法典》的相关规定,民事法律行为可以附条件,但是根据其性质不得附条件的除外。附生效条件的民事法律行为,自条件成就时生效。附解除条件的民事法律行为,自条件成就时失效。附条件的民事法律行为,当事人为自己的利益不正当地阻止条件成就的,视为条件已经成就;不正当地促成条件成就的,视为条件不成就。民事法律行为可以附期限,但是根据其性质不得附期限的除外。附生效期限的民事法律行为,自期限届至时生效。附终止期限的民事法律行为,自期限届满时失效。

因此,附条件合同是指合同当事人约定某种事实状态,并以其将来发生或不发生作为该合同生效或解除依据的合同,分为附生效条件和附解除条件的合同两种类型。附生效条件的合同,自条件成就时生效;附解除条件的合同,自条件成就时失效。附期限合同是指以将来确定到来的事实作为合同的条款,并在该期限到来时合同的效力发生或终止的合同。

2. 无效合同

无效合同,是指合同内容或者形式违反了法律、行政法规的强制性规定和社会公共利益,因而不能产生法律约束力,不受法律保护的合同。

无效合同的特征是:①具有违法性;②具有不可履行性;③自订立之时就不具有法律效力。

1) 有效的民事法律行为

《民法典》规定,具备下列条件的民事法律行为有效。

(1) 行为人具有相应的民事行为能力。《民法典》规定,无民事行为能力人实施的民事法律行为无效。

民事行为能力是指民事主体以自己独立的行为去取得民事权利、承担民事义务的能力。自然人的行为能力分三种情况:完全行为能力、限制行为能力、无行为能力。法人的行为能力由法人的机关或者代表行使。

(2) 意思表示真实。《民法典》规定,行为人与相对人以虚假的意思表示实施的民事法律行为无效。

意思表示,是指当事人把设立、变更、终止民事权利、民事义务的内在意愿用一定形式表达出来。意思表示真实,就是民事法律行为必须出于当事人的自愿,反映当事人的真实意思。

(3) 不违反法律、行政法规的强制性规定,不违背公序良俗。《民法典》规定,违反法律、行政法规的强制性规定的民事法律行为无效。但是,该强制性规定不导致该民事法律行为无效的除外。违背公序良俗的民事法律行为无效。行为人与相对人恶意串通,损害他人合法权益的民事法律行为无效。

法律、行政法规中包含强制性规定和任意性规定。强制性规定排除了合同当事人的意思自由,即当事人在合同中不得协议排除法律、行政法规的强制性规定,否则将构成无效合同。

应当指出的是,法律是指全国人大及其常委会颁布的法律,行政法规是指由国务院颁布的法规。在实践中,有的将仅违反了地方规定的合同认定为无效这是违法的。

公序良俗是指民事主体的行为应当遵守公共秩序,符合善良风俗,不得违反国家的公共秩序和社会的一般道德。

当事人超越经营范围订立的合同的效力,应当依照《民法典》的有关规定确定,不得仅以超越经营范围确认合同无效。

2）无效的免责条款

免责条款,是指当事人在合同中约定免除或者限制其未来责任的合同条款。免责条款无效,是指没有法律约束力的免责条款。

《民法典》规定,合同中的下列免责条款无效:①造成对方人身损害的;②因故意或者重大过失造成对方财产损失的。

造成对方人身损害就侵犯了对方的人身权,造成对方财产损失就侵犯了对方的财产权。人身权和财产权是法律赋予的权利,如果合同中的条款对此予以侵犯,该条款就是违法条款,这样的免责条款是无效的。

3）建设工程无效施工合同的主要情形

《最高人民法院关于审理建设工程施工合同纠纷案件适用法律问题的解释》规定,建设工程施工合同具有下列情形之一的认定无效:①承包人未取得建筑施工企业资质或者超越资质等级的;②没有资质的实际施工人借用有资质的建筑施工企业名义的;③建设工程必须进行招标而未招标或者中标无效的。

承包人非法转包、违法分包建设工程或者没有资质的实际施工人借用有资质的建筑施工企业名义与他人签订建设工程施工合同的行为无效。

4）无效合同的法律后果

《民法典》规定,无效的或者被撤销的民事法律行为自始没有法律约束力。民事法律行为部分无效,不影响其他部分效力的,其他部分仍然有效。

合同不生效、无效、被撤销或者终止的,不影响合同中有关解决争议方法的条款的效力。

民事法律行为无效、被撤销或者确定不发生效力后,行为人因该行为取得的财产,应当予以返还;不能返还或者没有必要返还的,应当折价补偿。有过错的一方应当赔偿对方由此所受到的损失;双方都有过错的,应当各自承担相应的责任。

5）无效施工合同的工程款结算

《民法典》规定,建设工程施工合同无效,但是建设工程经验收合格的,可以参照合同关于工程价款的约定折价补偿承包人。

建设工程施工合同无效,且建设工程经验收不合格的,按照以下情形处理:①修复后的建设工程经验收合格的,发包人可以请求承包人承担修复费用;②修复后的建设工程经验收不合格的,承包人无权请求参照合同关于工程价款的约定折价补偿,发包人对因建设工程不合格造成的损失有过错的,应当承担相应的责任。

3. 效力待定合同

效力待定合同是指合同虽然已经成立,但因其不完全符合有关生效要件的规定,其合同效力能否发生尚未确定,须经法律规定的条件具备才能生效。

1）限制行为能力人订立的合同

《民法典》规定,限制民事行为能力人实施的纯获利益的民事法律行为或者与其年龄、智力、精神健康状况相适应的民事法律行为有效;实施的其他民事法律行为经法定代理人同意或者追认后有效。

相对人可以催告法定代理人自收到通知之日起三十日内予以追认。法定代理人未作表示的,视为拒绝追认。民事法律行为被追认前,善意相对人有撤销的权利。撤销应当以通知的方式作出。

2)无权代理人订立的合同

行为人没有代理权、超越代理权或者代理权终止后,仍然实施代理行为,未经被代理人追认的,对被代理人不发生效力。

相对人可以催告被代理人自收到通知之日起三十日内予以追认。被代理人未作表示的,视为拒绝追认。行为人实施的行为被追认前,善意相对人有撤销的权利。撤销应当以通知的方式作出。

行为人实施的行为未被追认的,善意相对人有权请求行为人履行债务或者就其受到的损害请求行为人赔偿。但是,赔偿的范围不得超过被代理人追认时相对人所能获得的利益。

相对人知道或者应当知道行为人无权代理的,相对人和行为人按照各自的过错承担责任。无权代理人以被代理人的名义订立合同,被代理人已经开始履行合同义务或者接受相对人履行的,视为对合同的追认。

5.2.6 典型案例

【案例背景】

A 建筑公司挂靠于一资质较高的 B 建筑公司,以 B 建筑公司名义承揽一项工程,并与建设单位 C 公司签订施工合同。在施工过程中,由于 A 建筑公司的实际施工技术力量和管理能力都较差,造成工程进度的延误和一些工程质量缺陷,C 公司以 A 建筑公司挂靠为由,不予支付余下的工程款,A 建筑公司以 B 建筑公司名义将 C 公司告上法庭。

问题:(1)A 建筑公司以 B 建筑公司名义与 C 公司签订的施工合同是否有效?

(2)C 公司是否应当支付余下的工程款?

【案例解析】

(1)《最高人民法院关于审理建设工程施工合同纠纷案件适用法律问题的解释》第 4 条规定:"承包人非法转包,违法分包建设工程或者没有资质的实际施工人借用有资质的建筑施工企业名义与他人签订建设工程施工合同的行为无效。"A 建筑公司以 B 建筑公司名义与 C 公司签订的施工合同,是没有资质的实际施工人借用有资质的建筑施工企业名义签订的合同,属无效合同,不具有法律效力。

(2)C 公司是否应当支付余下的工程款要视该工程竣工验收的结果而定,《民法典》第 793 条规定:"建设工程施工合同无效,但是建设工程经验收合格的,可以参照合同关于工程价款的约定折价补偿承包人。建设工程施工合同无效,且建设工程经验收不合格的,按照以下情形处理:①修复后的建设工程经验收合格的,发包人可以请求承包人承担修复费用;②修复后的建设工程经验收不合格的,承包人无权请求参照合同关于工程价款的约定折价补偿。"

5.2.7　典型训练

扫描下方二维码,完成典型训练。

任务 5.3　履行、变更、转让、撤销和解除合同

5.3.1　履行合同

《民法典》规定,当事人应当按照约定全面履行自己的义务。当事人应当遵循诚信原则,根据合同的性质、目的和交易习惯履行通知、协助、保密等义务。当事人在履行合同过程中,应当避免浪费资源、污染环境和破坏生态。合同生效后,当事人不得因姓名、名称的变更或者法定代表人、负责人、承办人的变动而不履行合同义务。

《民法典》规定,合同生效后,当事人就质量、价款或者报酬、履行地点等内容没有约定或者约定不明确的,可以协议补充;不能达成补充协议的,按照合同相关条款或者交易习惯确定。当事人就有关合同内容约定不明确,依据前条规定仍不能确定的,适用下列规定。

(1)质量要求不明确的,按照强制性国家标准履行;没有强制性国家标准的,按照推荐性国家标准履行;没有推荐性国家标准的,按照行业标准履行;没有国家标准、行业标准的,按照通常标准或者符合合同目的的特定标准履行。

(2)价款或者报酬不明确的,按照订立合同时履行地的市场价格履行;依法应当执行政府定价或者政府指导价的,依照规定履行。

(3)履行地点不明确,给付货币的,在接受货币一方所在地履行;交付不动产的,在不动产所在地履行;其他标的,在履行义务一方所在地履行。

(4)履行期限不明确的,债务人可以随时履行,债权人也可以随时请求履行,但是应当给对方必要的准备时间。

(5)履行方式不明确的,按照有利于实现合同目的的方式履行。

(6)履行费用的负担不明确的,由履行义务一方负担;因债权人原因增加的履行费用,由债权人负担。

特别需要注意的是,合同履行中既可能是按照市场行情约定价格,也可能是执行政府定价或政府指导价。如按照市场行情约定价格履行,则市场行情的波动不应影响合同价,合同仍执行原价格。如执行政府定价或政府指导价的,在合同约定的交付期内政府价格调整时,应按照交付时的价格计价。逾期交付标的物的,遇价格上涨时,按照原价格执行;遇价格下降时,按新价格执行。逾期提取标的物或者逾期付款的,遇价格上涨时,按新价格执

行;遇价格下降时,按照原价格执行。

5.3.2 变更合同

《民法典》规定,当事人协商一致,可以变更合同。当事人对合同变更的内容约定不明确的,推定为未变更。

合同变更有广义和狭义之分,广义的合同变更是指合同内容和合同主体发生变化;而狭义的合同变更,仅指合同内容的变更,不包括合同主体的变更,我们通常所说的合同变更是从狭义的角度来讲的。

1. 合同的变更须经当事人双方协商一致

如果双方当事人就变更事项达成一致意见,则变更后的内容取代原合同的内容,当事人应当按照变更后的内容履行合同。如果一方当事人未经对方同意就改变合同的内容,不仅变更的内容对另一方没有约束力,其做法还是一种违约行为,应当承担违约责任。

2. 对合同变更内容约定不明确的推定

合同变更的内容必须明确约定。如果当事人对于合同变更的内容约定不明确,则将被推定为未变更。任何一方不得要求对方履行约定不明确的变更内容。

3. 合同基础条件变化的处理

合同签订后,合同的基础条件发生了当事人在订立合同时无法预见的、不属于商业风险的重大变化,继续履行合同对于当事人一方明显不公平的,受不利影响的当事人可以与对方重新协商;在合理期限内协商不成的,当事人可以请求人民法院或者仲裁机构变更或者解除合同。

5.3.3 转让合同

1. 合同权利(债权)的转让

1) 合同权利(债权)的转让范围

《民法典》规定,债权人可以将债权的全部或者部分转让给第三人,但是有下列情形之一的除外:①根据债权性质不得转让;②按照当事人约定不得转让;③依照法律规定不得转让。当事人约定非金钱债权不得转让的,不得对抗善意第三人。当事人约定金钱债权不得转让的,不得对抗第三人。

(1) 根据债权性质不得转让的债权。债权是在债的关系中权利主体具备的能够要求义务主体为一定行为或者不为一定行为的权利。债权和债务一起共同构成债的内容。如果债权随意转让给第三人,会使债权债务关系发生变化,违反当事人订立合同的目的,使当事人的合法利益得不到应有的保护。

(2) 按照当事人约定不得转让的债权。当事人订立合同时可以对债权的转让做出特别约定,禁止债权人将债权转让给第三人。这种约定只要是当事人真实意思的表示,同时不违反法律禁止性规定,即对当事人产生法律的效力。债权人如果将债权转让给他人,其行为将构成违约。

（3）依照法律规定不得转让的债权。《民法典》规定，最高额抵押担保的债权确定前，部分债权转让的，最高额抵押权不得转让，但是当事人另有约定的除外。最高额抵押担保的债权确定前，抵押权人与抵押人可以通过协议变更债权确定的期间、债权范围以及最高债权额。但是，变更的内容不得对其他抵押权人产生不利影响。

2）合同权利（债权）的转让应当通知债务人

《民法典》规定，债权人转让债权，未通知债务人的，该转让对债务人不发生效力。债权转让的通知不得撤销，但是经受让人同意的除外。

需要说明的是，债权人转让权利应当通知债务人，未经通知的转让行为对债务人不发生效力，但债权人债权的转让无须得到债务人的同意。这一方面是尊重债权人对其权利的行使，另一方面也防止债权人滥用权利损害债务人的利益。当债务人接到权利转让的通知后，权利转让即行生效，原债权人被新的债权人替代，或者新债权人的加入使原债权人不再完全享有原债权。

3）债务人对让与人的抗辩

《民法典》规定，债务人接到债权转让通知后，债务人对让与人的抗辩，可以向受让人主张。

抗辩权是指债权人行使债权时，债务人根据法定事由对抗债权人行使请求权的权利。债务人的抗辩权是其固有的一项权利，并不随权利的转让而消灭。在权利转让的情况下，债务人可以向新债权人行使该权利。受让人不得以任何理由拒绝债务人权利的行使。

4）从权利随同主权利转让

《民法典》规定，债权人转让债权的，受让人取得与债权有关的从权利，但是该从权利专属于债权人自身的除外。受让人取得从权利不应该从权利未办理转移登记手续或者未转移占有而受到影响。

2. 合同义务（债务）的转让

《民法典》规定，债务人将债务的全部或者部分转移给第三人的，应当经债权人同意。债务人或者第三人可以催告债权人在合理期限内予以同意，债权人未作表示的，视为不同意。

债务转移分为两种情况：一种情况是债务的全部转移，在这种情况下，新的债务人完全取代了旧的债务人，新的债务人负责全面履行债务；另一种情况是债务的部分转移，即新的债务人加入到原债务中，与原债务人一起向债权人履行义务。无论是转移全部债务还是部分债务，债务人都需要征得债权人同意。未经债权人同意，债务人转移债务的行为对债权人不发生效力。

3. 合同中权利和义务的一并转让

《民法典》规定，当事人一方经对方同意，可以将自己在合同中的权利和义务一并转让给第三人。合同的权利和义务一并转让的，适用债权转让、债务转移的有关规定。

权利和义务一并转让，是指合同一方当事人将其权利和义务一并转移给第三人，由第三人全部承受这些权利和义务。权利义务一并转让的后果，导致原合同关系的消灭，第三人取代了转让方的地位，产生出一种新的合同关系。只有经对方当事人同意，才能将合同的权利和义务一并转让。如果未经对方同意，一方当事人擅自一并转让权利和义务的，其转让行为无效,对方有权就转让行为对自己造成的损害,追究转让方的违约责任。

5.3.4　撤销合同

微课:可撤销合同

可撤销合同,是指因意思表示不真实,通过有撤销权的机构行使撤销权,使已经生效的意思表示归于无效的合同。

1. 可撤销合同的种类

1) 因重大误解订立的合同

《民法典》规定,基于重大误解实施的民事法律行为,行为人有权请求人民法院或者仲裁机构予以撤销。

所谓重大误解,是指误解者作出意思表示时,对涉及合同法律效果的重要事项存在着认识上的显著缺陷,其后果是使误解者的利益受到较大的损失,或者达不到误解者订立合同的目的。这种情况的出现,并不是由于行为人受到对方的欺诈、胁迫或者是对方利用本方处于危困状态、缺乏判断能力等情形下签订的合同,而是由于行为人自己的大意、缺乏经验或者信息不通而造成的。

2) 在订立合同时显失公平的合同

《民法典》规定,一方利用对方处于危困状态、缺乏判断能力等情形,致使民事法律行为成立时显失公平的,受损害方有权请求人民法院或者仲裁机构予以撤销。所谓显失公平的合同,就是一方当事人在利用对方处于危困状态、缺乏判断能力等情形,使当事人之间享有的权利和承担的义务严重不对等,致使民事法律行为成立时显失公平的合同。如标的物的价值与价款悬殊,承担责任或风险显然不合理的合同,都可称为显失公平的合同。

3) 以欺诈手段订立的合同

《民法典》规定,一方以欺诈手段,使对方在违背真实意思的情况下实施的民事法律行为,受欺诈方有权请求人民法院或者仲裁机构予以撤销。第三人实施欺诈行为,使一方在违背真实意思的情况下实施的民事法律行为,对方知道或者应当知道该欺诈行为的,受欺诈方有权请求人民法院或者仲裁机构予以撤销。

4) 以胁迫的手段订立的合同

《民法典》规定,一方或者第三人以胁迫手段,使对方在违背真实意思的情况下实施的民事法律行为,受胁迫方有权请求人民法院或者仲裁机构予以撤销。

2. 合同撤销权的消灭

《民法典》规定,有下列情形之一的,撤销权消灭:①当事人自知道或者应当知道撤销事由之日起一年内、重大误解的当事人自知道或者应当知道撤销事由之日起九十日内没有行使撤销权;②当事人受胁迫,自胁迫行为终止之日起一年内没有行使撤销权;③当事人知道撤销事由后明确表示或者以自己的行为表明放弃撤销权。当事人自民事法律行为发生之日起五年内没有行使撤销权的,撤销权消灭。

3. 被撤销合同的法律后果

《民法典》规定,无效的或者被撤销的民事法律行为自始没有法律约束力。民事法律行为部分无效,不影响其他部分效力的,其他部分仍然有效。

5.3.5　解除合同

合同的解除,是指依法生效的合同,因具备法定的或当事人约定的情形,合同的债权、债务归于消灭,债权人不再享有合同的权利,债务人也不必再履行合同的义务。

《民法典》规定,有下列情形之一的,债权债务终止:①债务已经履行;②债务相互抵消;③债务人依法将标的物提存;④债权人免除债务;⑤债权债务同归于一人;⑥法律规定或者当事人约定终止的其他情形。合同解除的,该合同的权利义务关系终止。

1. 合同解除的特征

合同的解除,是指合同有效成立后,当具备法律规定的合同解除条件时,因当事人一方或双方的意思表示而使合同关系归于消灭的行为。

合同解除具有如下特征:①合同的解除适用于合法有效的合同,而无效合同、可撤销合同不发生合同解除。②合同解除须具备法律规定的条件。非依照法律规定,当事人不得随意解除合同。③合同解除须有解除的行为。无论哪一方当事人享有解除合同的权利,其必须向对方提出解除合同的意思表示,才能达到合同解除的法律后果。④合同解除使合同关系自始消灭或者向将来消灭,可视为当事人之间未发生合同关系,或者合同尚存的权利义务不再履行。

2. 合同解除的种类

1) 约定解除合同

《民法典》规定,当事人协商一致,可以解除合同。当事人可以约定一方解除合同的事由。解除合同的事由发生时,解除权人可以解除合同。

2) 法定解除合同

《民法典》规定,有下列情形之一的,当事人可以解除合同:①因不可抗力致使不能实现合同目的;②在履行期限届满前,当事人一方明确表示或者以自己的行为表明不履行主要债务;③当事人一方迟延履行主要债务,经催告后在合理期限内仍未履行;④当事人一方迟延履行债务或者有其他违约行为致使不能实现合同目的;⑤法律规定的其他情形。以持续履行的债务为内容的不定期合同,当事人可以随时解除合同,但是应当在合理期限之前通知对方。

法定解除是法律直接规定解除合同的条件,当条件具备时,解除权人可直接行使解除权;约定解除则是双方的法律行为,单方行为不能导致合同的解除。

3. 解除合同的程序

《民法典》规定,当事人一方依法主张解除合同的,应当通知对方。合同自通知到达对方时解除;通知载明债务人在一定期限内不履行债务则合同自动解除,债务人在该期限内未履行债务的,合同自通知载明的期限届满时解除。对方对解除合同有异议的,任何一方当事人均可以请求人民法院或者仲裁机构确认解除行为的效力。

当事人一方未通知对方,直接以提起诉讼或者申请仲裁的方式依法主张解除合同,人民法院或者仲裁机构确认该主张的,合同自起诉状副本或者仲裁申请书副本送达对方时解除。

4. 施工合同的解除

1）发包人解除施工合同

《民法典》规定,承包人将建设工程转包、违法分包的,发包人可以解除合同。

《最高人民法院关于审理建设工程施工合同纠纷案件适用法律问题的解释》规定,承包人具有下列情形之一,发包人请求解除建设工程施工合同的,应予支持:①明确表示或者以行为表明不履行合同主要义务的;②合同约定的期限内没有完工,且在发包人催告的合理期限内仍未完工的;③已经完成的建设工程质量不合格,并拒绝修复的;④将承包的建设工程非法转包、违法分包的。

2）承包人解除施工合同

《民法典》规定,发包人提供的主要建筑材料、建筑构配件和设备不符合强制性标准或者不履行协助义务,致使承包人无法施工,经催告后在合理期限内仍未履行相应义务的,承包人可以解除合同。

5.3.6 典型案例

【案例背景】

甲与乙在 2021 年 5 月 8 日签订了一份购销大米的合同,合同约定:乙供给甲一级大米 3000 吨,2021 年 9 月 30 日前交货,货到后付款,每吨 1500 元。合同签订后,乙又与某粮站签订了一份合同,合同规定:由粮站将 3000 吨一级大米于 2021 年 9 月底以前送至甲处,货到并经验收后,由乙向该粮站按每吨 1200 元支付货款。该粮站在合同订立以后,四处筹集大米,于 2021 年 9 月 21 日将 3000 吨大米送至甲处,经验收因品质不合格甲拒绝收货。2021 年 11 月甲以乙违约为由,向法院提起诉讼,请求乙承担违约责任。但乙认为他已将债务移转给粮站,此系粮站违约所致,与己无关。

问题:本案例中乙的理由成立吗?

【案例解析】

本案例中乙的理由不成立。乙的理由是否成立关键在于乙是否已将其债务移转给某粮站。根据《民法典》规定,债务人将债务的全部或者部分转移给第三人的,应当经债权人同意。债务人或者第三人可以催告债权人在合理期限内予以同意,债权人未作表示的,视为不同意。具体到本案,乙与某粮站签订的合同中并没有明确的债务移转之规定,且也未经债权人同意,因而不能据此认为乙对甲的债务已经发生了移转。

5.3.7 典型训练

扫描下方二维码,完成典型训练。

任务 5.4　承担违约责任与解决合同争议

5.4.1　违约责任的特征和条件

1. 违约责任的概念和特征

违约责任,是指合同当事人因违反合同义务所承担的责任。《民法典》规定,当事人一方不履行合同义务或者履行合同义务不符合约定的,应当承担继续履行、采取补救措施或者赔偿损失等违约责任。

违约责任具有如下特征:①违约责任的产生是以合同当事人不履行合同义务为条件的;②违约责任具有相对性;③违约责任主要具有补偿性,即旨在弥补或补偿因违约行为造成的损害后果;④违约责任可以由合同当事人约定,但约定不符合法律要求的,将会被宣告无效或被撤销;⑤违约责任是民事责任的一种形式。

2. 当事人承担违约责任应具备的条件

《民法典》规定,当事人一方明确表示或者以自己的行为表明不履行合同义务的,对方可以在履行期限届满前请求其承担违约责任。

承担违约责任,首先是合同当事人发生了违约行为,即有违反合同义务的行为;其次,非违约方只需证明违约方的行为不符合合同约定,便可以要求其承担违约责任,而不需要证明其主观上是否具有过错;第三,违约方若想免于承担违约责任,必须举证证明其存在法定的或约定的免责事由,而法定免责事由主要限于不可抗力,约定的免责事由主要是合同中的免责条款。

5.4.2　承担违约责任的形式

合同当事人违反合同义务,承担违约责任的种类主要有:继续履行、采取补救措施、赔偿损失、支付违约金或定金、克除违约责任等。

1. 继续履行

《民法典》规定,当事人一方不履行合同义务或者履行合同义务不符合约定的,应当承担继续履行、采取补救措施或者赔偿损失等违约责任。

继续履行是一种违约后的补救方式,是否要求违约方继续履行是非违约方的一项权利。继续履行可以与违约金、定金、赔偿损失并用,但不能与解除合同的方式并用。

2. 采取补救措施

采取补救措施是指在当事人违反合同的事实发生后,为防止损失发生或者扩大,而由违反合同一方依照法律规定或者约定采取的修理、更换、重新制作、退货、降低价格或者减少报酬等措施,给权利人弥补或者挽回损失的责任形式。采取补救措施的责任形式,主要发生在质量不符合约定的情况下。

3. 赔偿损失

当事人一方不履行合同义务或者履行合同义务不符合约定,造成对方损失的,损失赔偿额应当相当于因违约所造成的损失,包括合同履行后可以获得的利益;但是,不得超过违约一方订立合同时预见到或者应当预见到的因违约可能造成的损失。

一般来说,赔偿损失的主要形式是法定赔偿损失,而约定赔偿损失是为了弥补法定赔偿损失的不足。在确定了适用约定赔偿损失还是法定赔偿损失的情况下,原则上约定赔偿损失优先于法定赔偿损失。作为约定赔偿损失,一旦发生违约并造成受害人的损害后,受害人不必证明其具体损害范围即可依据约定赔偿损失条款获得赔偿。

4. 支付违约金和定金

违约金有法定违约金和约定违约金两种:由法律规定的违约金为法定违约金;由当事人约定的违约金为约定违约金。

《民法典》规定,当事人可以约定一方违约时应当根据违约情况向对方支付一定数额的违约金,也可以约定因违约产生的损失赔偿额的计算方法。约定的违约金低于造成的损失的,人民法院或者仲裁机构可以根据当事人的请求予以增加;约定的违约金过分高于造成的损失的,人民法院或者仲裁机构可以根据当事人的请求予以适当减少。

当事人可以约定一方向对方给付定金作为债权的担保。定金合同自实际交付定金时成立。定金的数额由当事人约定;但是,不得超过主合同标的额的20%,超过部分不产生定金的效力。实际交付的定金数额多于或者少于约定数额的,视为变更约定的定金数额。债务人履行债务的,定金应当抵作价款或者收回。给付定金的一方不履行债务或者履行债务不符合约定,致使不能实现合同目的的,无权请求返还定金;收受定金的一方不履行债务或者履行债务不符合约定,致使不能实现合同目的的,应当双倍返还定金。

当事人既约定违约金,又约定定金的,一方违约时,对方可以选择适用违约金或者定金条款。定金不足以弥补一方违约造成的损失的,对方可以请求赔偿超过定金数额的损失。

5. 免除违约责任

在合同履行过程中,如果出现法定的免责条件或合同约定的免责事由,违约人将免于承担违约责任。我国的《民法典》仅承认不可抗力为法定的免责事由。《民法典》规定,当事人一方因不可抗力不能履行合同的,根据不可抗力的影响,部分或者全部免除责任,但是法律另有规定的除外。因不可抗力不能履行合同的,应当及时通知对方,以减轻可能给对方造成的损失,并应当在合理期限内提供证明。当事人迟延履行后发生不可抗力的,不免除其违约责任。

5.4.3　解决合同争议的方式

1. 合同争议的含义

合同争议是指合同当事人在合同履行过程中所产生的有关权利义务纠纷。由于各种原因,在当事人之间产生争议是不可避免的,争议的解决直接关系到合同目的的实现。

2. 合同争议的解决途径

合同争议的法律解决途径主要有四种:和解、调解、仲裁、民事诉讼。当事人可以通过和解或者调解解决合同争议。当事人不愿和解、调解或者和解、调解不成的,可以根据仲裁协议向仲裁机构申请仲裁。当事人没有订立仲裁协议或者仲裁协议无效的,可以向人民法院起诉。当事人应当履行发生法律效力的判决、仲裁裁决、调解书;拒不履行的,对方可以请求人民法院执行。

1)和解

和解是合同纠纷的当事人在自愿互谅的基础上,就已经发生的争议进行协商、妥协与让步并达成协议,自行(无第三方参与劝说)解决争议的一种方式,通常它不仅从形式上消除当事人之间的对抗,还从心理上消除对抗。

和解可以在合同纠纷的任何阶段进行,无论是否已经进入诉讼或仲裁程序。例如,诉讼当事人之间为处理和结束诉讼而达成了解决争议问题的妥协或协议,其结果是撤回起诉或中止诉讼而无须判决。和解也可与仲裁、诉讼程序相结合:当事人达成和解协议的,已提请仲裁的,可以请求仲裁庭根据和解协议作出裁决书或仲裁调解书;已提起诉讼的,可以请求法庭在和解协议基础上制作调解书。仲裁机构作出的调解书和法院调解书具有强制执行效力。

需要注意的是,当事人自行达成的和解协议不具有强制执行力,在性质上仍属于当事人之间的约定。如果一方当事人不按照和解协议执行,另一方当事人不可以请求法院强制执行,但可要求对方就不执行该和解协议承担违约责任。

2)调解

调解是指双方当事人以外的第三方应纠纷当事人的请求,以法律、法规和政策或合同约定以及社会公德为依据,对纠纷双方进行疏导、劝说,促使他们相互谅解,进行协商,自愿达成协议,解决纠纷的活动。在我国,调解的主要方式是人民调解、行政调解、仲裁调解、司法调解、行业调解以及专业机构调解。

3)仲裁

仲裁是当事人根据在纠纷发生前或纠纷发生后达成的仲裁协议,自愿将纠纷提交第三方(仲裁机构)作出裁决,纠纷各方都有义务执行该裁决的一种解决纠纷的方式。法院行使国家所赋予的审判权,向法院起诉不需要双方当事人在诉讼前达成协议,只要一方当事人向有审判管辖权的法院起诉,经法院受理后,另一方必须应诉。仲裁机构通常是民间团体的性质,其受理案件的管辖权来自双方协议,没有仲裁协议就无权受理仲裁。但是,有效的仲裁协议可以排除法院的管辖权;纠纷发生后,一方当事人提起仲裁的,另一方应当通过仲裁程序解决纠纷。

仲裁的基本特点如下。

(1)自愿性。

当事人的自愿性是仲裁最突出的特点。仲裁是最能充分体现当事人意思自治原则的争议解决方式。仲裁以当事人的自愿为前提,即是否将纠纷提交仲裁,向哪个仲裁委员会申请仲裁,仲裁庭如何组成,仲裁员的选择,以及仲裁的审理方式、开庭形式等,在不违反法律强制性规定和仲裁规则允许的情况下,都是在当事人自愿的基础上,由当事人协商确定的。

(2)专业性。

专家裁案,是民商事仲裁的重要特点之一。民商事仲裁往往涉及不同行业的专业知识,如建设工程纠纷的处理不仅涉及与工程建设有关的法律法规,还常常需要运用大量的工程造价、工程质量方面的专业知识,以及熟悉建筑业自身特有的交易习惯和行业惯例。

仲裁机构的仲裁员是来自各行业具有一定专业水平的专家,精通专业知识、熟悉行业规则,对公正高效处理纠纷,确保仲裁结果的专业性和公正性,发挥着关键作用。

（3）独立性。

《中华人民共和国仲裁法》规定,仲裁委员会独立于行政机关,与行政机关没有隶属关系。仲裁委员会之间也没有隶属关系。

在仲裁过程中,仲裁庭独立进行仲裁,不受任何行政机关、社会团体和个人的干涉,也不受其他仲裁机构的干涉,具有独立性。

（4）保密性。

仲裁以不公开审理为原则。同时,当事人及其代理人、证人、翻译、仲裁员、仲裁庭咨询的专家和指定的鉴定人、仲裁委员会有关工作人员也要遵守保密义务,不得对外界透露案件实体和程序的有关情况。因此,仲裁可以有效地保护当事人的商业秘密和商业信誉。

（5）快捷性。

仲裁实行一裁终局制度,仲裁裁决一经作出即发生法律效力。仲裁裁决不能上诉,这使得当事人之间的纠纷能够迅速得以解决。

（6）域外执行力。

根据《承认和执行外国仲裁裁决公约》,仲裁裁决可以在其缔约国得到承认和执行。

4）民事诉讼

民事诉讼是诉讼的基本类型之一,是指人民法院在当事人和其他诉讼参与人的参加下,以审理、裁判、执行等方式解决民事纠纷的活动,以及由此产生的各种诉讼关系的总和。诉讼参与人包括原告、被告、第三人、证人、鉴定人、勘验人等。

在我国,2017年6月经修改后公布的《中华人民共和国民事诉讼法》（以下简称《民事诉讼法》）是调整和规范法院及诉讼参与人的各种民事诉讼活动的基本法律。民事诉讼的基本特征如下。

（1）公权性。

民事诉讼是由人民法院代表国家意志行使司法审判权,通过司法手段解决平等民事主体之间的纠纷。在法院主导下,诉讼参与人围绕民事纠纷的解决,进行着能产生法律后果的活动。

民事诉讼主要是法院与纠纷当事人之间的关系,但也涉及其他诉讼参与人,包括证人、鉴定人、翻译人员、专家辅助人员、协助执行人等。

（2）程序性。

民事诉讼是依照法定程序进行的诉讼活动,无论是法院、当事人,还是其他诉讼参与人,都需要严格按照法律规定的程序和方式实施诉讼行为,违反诉讼程序常常会引起一定的法律后果或者达不到诉讼目的,如法院的裁判被上级法院撤销,当事人失去行使某种诉讼行为的权利等。

民事诉讼主要分为一审程序、二审程序和执行程序三大诉讼阶段,但并非每个案件都要经过这三个阶段。如果案件要经历诉讼全过程,就要按照上述顺序依次进行。

（3）强制性。

强制性是公权力的重要属性。民事诉讼的强制性既表现在案件的受理上,又反映在裁判的执行上。调解、仲裁均建立在当事人自愿的基础上,只要有一方当事人不愿意进行调解、仲裁,则调解和仲裁将不会发生。但民事诉讼不同,只要原告的起诉符合法定条件和约定条件,无论被告是否愿意,诉讼都会发生。此外,和解、调解协议的履行依靠当事人的自觉,不具有强制执行的效力。但法院的裁判则具有强制执行的效力,一方当事人不履行生效判决或裁定,另一方当事人可以申请法院强制执行。

在工程建设活动中,由于建设工程活动及其纠纷的专业性、复杂性,我国在建设工程法律实践中除了上述4种纠纷解决方式以外,还有其他解决纠纷的新方式,如建设工程争议评审机制。

5.4.4 典型案例

【案例背景】

甲公司与乙勘察设计单位签订了一份勘察设计合同,合同约定:乙单位为甲公司筹建中的商业大厦进行勘察、设计,按照国家颁布的收费标准支付勘察设计费;乙单位应按甲公司的设计标准、技术规范等提出勘察设计要求,进行测量和工程地质、水文地质等勘察设计工作,并在2022年5月1日前向甲公司提交勘察成果和设计文件。合同还约定了双方的违约责任、争议的解决方式。甲公司同时与丙建筑公司签订了建设工程承包合同,在合同中规定了开工日期。但是,不料后来乙单位迟迟不能提交出勘察设计文件。丙建筑公司按建设工程承包合同的约定做好了开工准备,如期进驻施工场地。在甲公司的再三催促下,乙单位迟延36天提交勘察设计文件。此时,丙公司已窝工18天。在施工期间,丙公司又发现设计图纸中的多处错误,不得不停工等候甲公司请乙单位对设计图纸进行修改。丙公司由于窝工、停工要求甲公司赔偿损失,否则不再继续施工。甲公司将乙单位起诉到法院,要求乙单位赔偿损失。

问题:本案例中,甲、乙、丙三家单位由谁承担违约责任?

【案例解析】

本案例中,乙单位不仅没有按照合同的约定提交勘察设计文件,致使甲公司的建设工期受到延误,还造成丙公司的窝工,而且勘察设计的质量也不符合要求,致使承建单位丙公司因修改设计图纸而停工、窝工。乙单位的上述违约行为已给甲公司造成损失,应负赔偿甲公司损失的责任。此外,甲公司因图纸不到位给丙公司造成的损失也应当予以赔偿。

5.4.5 典型训练

扫描下方二维码,完成典型训练。

学习笔记

项目提升训练

一、单选题

1. 要式合同是指(　　)的合同。
   A. 法律上已经确定了一定的名称和规则　　B. 当事人双方互相承担义务
   C. 根据法律规定必须采用特定形式　　D. 当事人双方意思表示一致即告成立

2. 2022年3月1日,甲施工企业向乙钢材商发出采购单购买一批钢材,要求乙在3月5日前承诺。3月1日,乙收到甲的采购单。3月2日,甲再次发函至乙取消本次采购。乙收到两份函件后,3月4日,乙发函至甲表示同意履行3月1日的采购单。关于该案的说法,正确的是(　　)。
   A. 甲3月2日的行为属于要约邀请　　B. 乙3月4日的行为属于新要约
   C. 甲的要约已经撤销　　D. 甲乙之间买卖合同成立

3. 水泥厂在承诺有效期内,对施工单位订购水泥的要约做出了完全同意的答复,则该水泥买卖合同成立的时间为(　　)。
   A. 水泥厂的答复文件到达施工单位时
   B. 施工单位发出订购水泥的要约时
   C. 水泥厂发出答复文件时
   D. 施工单位订购水泥的要约到达水泥厂时

4. 下列情形中,导致建设工程施工合同无效的是(　　)。
   A. 工程款支付条款订立时显失公平的
   B. 发包人对投标文件有重大误解订立的
   C. 依法应当招标的项目中标无效后订立的
   D. 承包人超越资质等级订立但在竣工前取得相应等级资质证书的

5. 下列属于无效合同的类型的有(　　)。
   A. 违背公序良俗的　　B. 以欺诈手段订立的合同
   C. 限制民事行为人订立的合同　　D. 显失公平的合同

6. 建设工程合同的订立程序中,属于要约的是(　　)。
   A. 招标人通过媒体发布招标公告
   B. 向符合条件的投标人发出招标文件
   C. 招标人通过评标确定中标人,发出中标通知书
   D. 投标人根据招标文件内容在规定的期限内向招标人提交投标文件

7. 乙施工企业租用甲建设单位的设备后擅自将该设备出售给了丙公司,甲知悉此事后,与乙商议以该设备的转让价格抵消了部分工程款。关于乙丙之间设备买卖合同效力的说法,正确的是(　　)。
   A. 效力待定　　B. 有效　　C. 部分有效　　D. 可撤销

8. 关于效力待定合同的说法,正确的是(　　)。
   A. 善意相对人对合同有追认权
   B. 权利人有撤销的权利

C. 撤销应当向人民法院或仲裁机构申请

D. 限制民事行为能力人签订的纯获利益的合同,无须追认

9. 乙施工企业向甲建设单位主张支付工程款,甲以工程质量不合格为由拒绝支付,乙将其工程款的债权转让给丙并通知了甲。丙向甲主张该债权时,甲仍以质量原因拒绝支付。关于该案中债权转让的说法,正确的是(   )。

A. 乙的债权属于法定不得转让的债权

B. 甲可以向丙行使因质量原因拒绝支付的抗辩

C. 乙转让债权应当经过甲同意

D. 乙转让债权的通知可以不用通知甲

10. 承包商向水泥厂购买袋装水泥并按合同约定支付全部货款。因运输公司原因导致水泥交货延误 2 天,承包商收货后要求水泥厂支付违约金,水泥厂予以拒绝。承包商认为水泥厂违约,因而未对堆放水泥采取任何保护措施,次日大雨,水泥受潮全部硬化。此损失应由(   )承担。

A. 三方共同　　　B. 水泥厂　　　C. 承包商　　　D. 运输公司

11. 在建设工程合同的订立过程中,招标人通过评标确定中标人,发出中标通知书,为(   )。

A. 承诺　　　B. 承诺生效　　　C. 要约　　　D. 要约邀请

12. 甲施工单位与乙混凝土供应商签订商品混凝土供应合同,在履行过程中,乙厂水泥的延误供应导致甲施工单位施工质量下降。对此,甲解除了他们之间的供应合同,合同解除的时间应自(   )起算。

A. 甲提出时　　　　　　　　B. 乙收到通知时

C. 甲向乙发出通知时　　　　D. 通知到达乙方时

13. 关于建设工程合同订立程序的说法,正确的是(   )。

A. 招标人通过媒体发布招标公告,称为承诺

B. 投标人向招标人提交投标文件,称为承诺

C. 招标人向中标人发出中标通知书,称为要约邀请

D. 招标人向符合条件的投标人发出招标文件,称为要约邀请

14. 关于合同示范文本的说法,正确的是(   )。

A. 示范文本能够使合同的签订规范和条款完备

B. 示范文本为强制使用的合同文本

C. 采用示范文本是合同成立的前提

D. 采用示范文本是合同生效的前提

15. 下列合同各项内容中,不属于合同主要条款的是(   )。

A. 价款或者报酬　　　　　　B. 保险条款

C. 履行期限、地点和方式　　D. 当事人的名称

16. 某施工企业与材料供应商订立的合同中约定了违约金 5 万元,同时约定由施工企业支付供应商定金 4 万元。后来供应商未能交货,施工企业为最大限度维护自身利益,可以要求供应商支付(   )万元。

A. 13　　　　　B. 9　　　　　C. 8　　　　　D. 5

17. 当事人可以约定一方违约时应当根据违约情况向对方支付一定数额的违约金,当约定的违约金低于造成的损失时,(　　)。

　　A. 当事人可以请求人民法院予以适当减少

　　B. 当事人可以请求仲裁机构予以适当减少

　　C. 当事人可以请求人民法院予以增加

　　D. 当事人承受此项损失

18. 甲公司与乙公司订立了一份建材买卖合同,乙按约定向甲支付了定金4万元,合同约定如任何一方不履行合同应向对方支付违约金6万元。交货日期届满,甲无法交付该建材。乙诉至法院提出的如下诉讼请求中,既能最大限度保护自己的利益,又能获得支持的是(　　)。

　　A. 请求甲双倍返还定金8万元

　　B. 请求甲支付违约金6万元,同时请求甲返还支付的定金4万元

　　C. 请求甲双倍返还定金8万元,同时请求甲支付违约金6万元

　　D. 请求甲支付违约金6万元

19. 口头合同自(　　)时生效。

　　A. 要约生效　　　　　　　　　　B. 要约人发出要约

　　C. 双方签字　　　　　　　　　　D. 受要约人承诺

20. 甲施工企业有一辆里程表存在故障的工程用车,该车实际行驶里程8万公里,市场价格约为16万元,里程表显示行驶里程为4万公里。甲明知上述情况存在,仍将该车以23万元价格卖给了乙施工企业,乙知情后诉至法院。乙的下列诉讼请求可以获得支持的是(　　)。

　　A. 请求减少价款至16万元　　　　B. 以欺诈为由解除合同

　　C. 以重大误解为由请求撤销合同　　D. 请求甲承担缔约过失责任

二、多选题

1. 下列建设工程施工合同中,属于无效的有(　　)。

　　A. 承包人对工程内容有重大误解订立的

　　B. 承包人胁迫发包人订立的

　　C. 未取得相应施工企业资质的承包人订立的

　　D. 建设工程必须进行招标而未招标订立的

　　E. 总承包人将主体结构的施工分包给他人订立的

2. 关于无效合同的说法,正确的有(　　)。

　　A. 无效合同不具有违法性

　　B. 无效合同具有违法性

　　C. 无效合同部分无效会影响其他部分的效力

　　D. 无效合同自订立之时就不具有法律效力

　　E. 无效合同可能会损害社会公共利益

3. 关于合同成立时间的说法,正确的有( )。
    A. 合同书自双方签字时成立　　　　B. 双方意思表示一致合同即成立
    C. 承诺生效时合同成立　　　　　　D. 口头合同自交付标的物时成立
    E. 按照数据电文合同的要求签订确认书时合同成立

4. 根据招投标相关法律和司法解释,下列施工合同中,属于无效合同的有( )。
    A. 未经发包人同意,承包人将部分非主体工程分包给具有相应资质的施工单位的合同
    B. 招标文件中明确要求投标人垫资并据此与中标人签订的合同
    C. 建设单位直接与专业施工单位签订的合同
    D. 承包人将其承包的工程全部分包给其他有资质的承包人的合同
    E. 投标人串通投标中标后与招标人签订的合同

5. 下列责任中,属于违约责任的承担方式的有( )。
    A. 定金　　　　　B. 罚金　　　　　C. 违约金
    D. 罚款　　　　　E. 消除危险

6. 合同未约定违约责任,当事人一方不履行合同义务的,违约方应当承担的违约责任有( )。
    A. 赔礼道歉　　　B. 继续履行　　　C. 赔偿损失
    D. 采取补救措施　E. 支付违约金

7. 下列施工合同中,属于无效合同的有( )。
    A. 施工企业借用他人资质签订的
    B. 施工企业与建设单位串通投标,中标后签订的
    C. 建设工程依法必须进行招标而未招标的
    D. 施工企业超越资质等级与建设单位签订的
    E. 施工企业将其承包的部分非主体工程分包的

8. 关于合同解除的说法,正确的有( )。
    A. 合同解除适用于可撤销合同
    B. 当事人对合同解除的异议期限有约定的依照约定,没有约定的,最长期3个月
    C. 对解除有异议的,可以申请人民法院确认解除的效力
    D. 合同解除仅使合同关系自始消灭
    E. 合同解除须有解除的行为

9. 在下列情形中,免除施工单位违约责任的有( )。
    A. 施工单位因安全事故隐患,被监理工程师责令暂停施工,致使工期延误
    B. 因拖欠农民工工资,部分农民工停工抗议,致使工期延误
    C. 地震导致已完工程被爆破拆除重建,造成建设单位费用增加
    D. 由于战争,施工耽误暂停施工,致使工期延误
    E. 因迟延履行而遭遇洪水,导致工期延误

10. 关于施工合同中债权债务的说法,正确的有( )。
    A. 对于完成施工任务,建设单位是债务人,施工企业是债权人

  B. 施工合同中的债务包括完成施工任务和支付工程价款

  C. 对于完成施工任务,建设单位是债权人,施工企业是债务人

  D. 对于支付工程价款,建设单位是债权人,施工企业是债务人

  E. 对于支付工程价款,建设单位是债务人,施工企业是债权人

三、简答题

1. 合同的内容主要包括哪些方面?

2. 仲裁的特点有哪些?

3. 合同当事人违反合同义务,承担违约责任的种类有哪些?

4. 哪些情形下订立的合同属于可撤销合同?

5. 合同争议的法律解决途径包括哪些?

四、案例分析题

  2021 年 8 月 8 日,某建筑公司向某水泥厂发出了一份购买水泥的要约。要约中明确规定承诺期限为 2021 年 8 月 12 日上午 12:00。为了保证工作的快捷,要约中同时约定了采用电子邮件方式做出承诺并提供了电子邮箱。水泥厂接到要约后经过研究,同意出售给建筑公司水泥。水泥厂于 2021 年 8 月 12 日上午 11:30 给建筑公司发出了同意出售水泥的电子邮件。但是,由于建筑公司所在地区的网络出现故障,直到下午 3:30 才收到邮件。

  问题:本案例中承诺是否有效? 为什么?

项目 6 建设工程施工合同管理

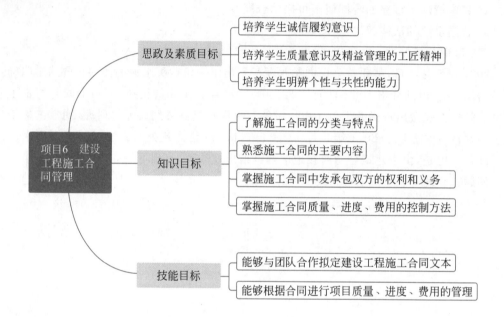

思政及素质目标
- 培养学生诚信履约意识
- 培养学生质量意识及精益管理的工匠精神
- 培养学生明辨个性与共性的能力

项目6 建设工程施工合同管理

知识目标
- 了解施工合同的分类与特点
- 熟悉施工合同的主要内容
- 掌握施工合同中发承包双方的权利和义务
- 掌握施工合同质量、进度、费用的控制方法

技能目标
- 能够与团队合作拟定建设工程施工合同文本
- 能够根据合同进行项目质量、进度、费用的管理

工程项目引例

阴阳合同以谁为依据?

【项目背景】

2021 年 3 月 7 日,某建筑公司作为中标的施工单位与建设单位签订了某住宅施工承包合同,合同中约定的工程款为 500 万元。双方按照法律规定将此合同进行了备案。三天后,建设单位主要负责人邀请建筑公司的负责人见面,提出重新签订一个施工承包合同,将合同价改为 400 万元。由于建筑公司担心失去该施工任务,就违心答应了这个要求。

2022 年 3 月 7 日,工程竣工。建筑公司要求按照第一个合同结算工程款,遭到了建设单位的拒绝。建筑公司打算提起诉讼。但是建筑公司的负责人被 A 告知:"你这个官司是打不赢的。因为你已经签订了第二个合同,这个合同的效力高于第一个合同,也就是用第二个合同修改了第一个合同。"

你认为本案例中 A 的观点正确吗?

【评析启示】

（1）阴阳合同的本质

开标前，每个投标人的投标文件都是保密的，这就使得中标人的中标价可能会高于招标人的心理期望值。而建设单位为了降低工程成本，总是希望能将承包商的中标价格压至最低。于是就出现了阴阳合同问题。

所谓的阴阳合同问题就是招标人与中标人签订了合同后另行订立了一个背离该合同实质性内容的其他协议而引发的问题。这个问题主要表现在以哪个合同结算上面。

《招标投标法》第四十六条规定："招标人和中标人应当自中标通知书发出之日起三十日内，按照招标文件和中标人的投标文件订立书面合同。招标人和中标人不得再行订立背离合同实质性内容的其他协议。"可见，招标人与中标人另行签订合同的行为属于违法行为。

（2）我国关于合同备案的相关规定

《招标投标法》第四十七条规定："依法必须进行招标的项目，招标人应当自确定中标人之日起十五日内，向有关行政监督部门提交招标投标情况的书面报告。"

《房屋建筑和市政基础设施工程施工招标投标管理办法》第四十七条也规定："订立书面合同后7日内，中标人应当将合同送县级以上工程所在地的建设行政主管部门备案。"

在很多工程中，中标后签订的合同是需要备案的。对于两个存在实质性差别的阴阳合同，只能用第一个合同进行备案而不可能采用第二个合同备案或者将两个合同同时进行备案，这也就为解决阴阳合同问题提供了一个途径。

（3）对于阴阳合同问题的处理

《最高人民法院关于审理建设工程施工合同纠纷案件适用法律问题的解释》第二十一条规定："当事人就同一建设工程另行订立的建设工程施工合同与经过备案的中标合同实质性内容不一致的，应当以备案的中标合同作为结算工程价款的根据。"可见，背离原合同实质性内容的其他协议将不能作为结算工程价款的依据。

案例背景中谈到的是阴阳合同的问题，第二个合同由于违反《招标投标法》是无效的合同，自然就不存在效力高于第一个合同的问题。

任务 6.1　认识建设工程施工合同

6.1.1　建设工程施工合同的概念与特点

1. 建设工程施工合同的概念

建设工程施工合同（以下简称"施工合同"）是发包人与承包人就完成具体工程项目的建筑施工、设备安装、设备调试、工程保修等工作内容，确定双方权利和义务的协议。施工合同是建设工程合同的一种，作为一种双务有偿合同，在订立时应遵守自愿、公平、诚实、信用等原则。

微课：认识建设工程施工合同

2. 建设工程施工合同的特点

1）合同标的的特殊性

施工合同的标的是各类建筑产品。建筑产品是不动产，建造过程中往往受到自然条件、地质水文条件、社会条件、人为条件等因素的影响。因此,每个施工合同的标的物不同于工厂批量生产的产品,具有单件性的特点。

2)合同履行期限的长期性

建筑物的施工由于结构复杂、体积大、建筑材料类型多等因素,导致工期都较长(与一般工业产品的生产相比)。双方在履行过程中往往会受到不可抗力、法律法规政策的变化、市场价格的波动等因素的影响,在这种情况下,就必然要求合同内容约定完备、管理到位,否则将引起不必要的争议。

3)合同关系的复杂性

虽然施工合同当事人只有发承包人双方,但履行过程中通常会涉及许多其他的本项目关系人。施工合同内容的约定还需与其他相关合同进行协调,如设计合同、供应合同、分包合同以及本工程的其他标段施工合同等。

6.1.2 建设工程施工合同的分类

1. 根据承担施工任务范围划分

1)总包合同

总包合同是指建设单位(发包人)将工程项目建设全过程或其中某个阶段的全部工作,发包给一个承包单位总包,发包人与总包方签订的合同。总包合同签订后,总承包单位可以将若干专业性工作交由不同的专业承包单位完成,并统一协调和监督他们的工作。一般情况下,建设单位仅与总承包单位发生法律关系,而不与各专业承包单位发生法律关系。

2)分包合同

分包合同即总承包人与发包人签订总包合同后,将若干专业性工作分包给不同的专业承包单位完成,总包方分别与几个分包方签订的合同。对于大型工程项目,有时也可由发包人直接与每个承包人签订合同,而不采取总包形式。这种情况下,每个承包人均处于同等地位,各自独立地完成本单位所承包的任务,并直接向发包人负责。

2. 根据工程结算方式分类

按照工程结算方式的不同,建设工程施工合同主要有三种,即单价合同、总价合同和成本加酬金合同。

1)单价合同

当施工发包的工程内容和工程量尚不能十分明确、具体地予以规定时,则可以采用单价合同形式,即根据计划工程内容和估算工程量,在合同中明确每项工程内容的单位价格(如每米、每平方米或者每立方米的价格),实际支付时则根据每一个子项的实际完成工程量乘以该子项的合同单价,计算该项工作的应付工程款。

单价合同的特点是单价优先,例如 FIDIC 土木工程施工合同中,业主给出的工程量清单表中的数字是参考数字,而实际工程款则按实际完成的工程量和合同中确定的单价计算。虽然在投标报价、评标以及签订合同中,人们常常注重总价格,但在工程款结算中单价优先,对于投标书中明显的数字计算错误,业主有权利先做修改再评标,当总价和单价的计算结果不一致时,以单价为准调整总价。例如,某单价合同的投标报价单中,投标人报价见表 6-1。

表 6-1 投标人报价

序号	工程分项	单位	数量	单价/元	合价/元
1					
2					
⋮					
X	钢筋混凝土	m³	1000	300	30 000
⋮					
总报价					8 100 000

根据投标人的投标单价,钢筋混凝土的合价应该是 300 000 元,而实际只写了 30 000 元,在评标时应根据单价优先原则对总报价进行修正,所以正确的报价应该是 8 100 000＋(300 000－30 000)＝8 370 000(元)。

在实际施工时,如果实际工程量是 1500m³,则钢筋混凝土工程的价款金额应该是 300×1500＝450 000(元)。由于单价合同允许随工程量变化而调整工程总价,业主和承包商都不存在工程量方面的风险,因此对合同双方都比较公平。另外,在招标前,发包单位无须对工程范围作出完整的、详尽的规定,从而可以缩短招标准备时间,投标人也只需对所列工程内容报出自己的单价,从而缩短投标时间。

采用单价合同对业主的不足之处是,业主需要安排专门力量来核实已经完成的工程量,在施工过程中需要花费不少精力,协调工作量大。另外,用于计算应付工程款的实际工程量可能超过预测的工程量,即实际投资容易超过计划投资,对投资控制不利。

单价合同分为固定单价合同和变动单价合同。

固定单价合同条件下,无论发生哪些影响价格的因素都不对单价进行调整,因而对承包商而言存在一定的风险。当采用变动单价合同时,合同双方可以约定一个估计的工程量,当实际工程量发生较大变化时可以对单价进行调整,同时还应约定如何对单价进行调整;此外也可以约定,当通货膨胀达到一定水平或者国家政策发生变化时,可以对哪些工程内容的单价进行调整以及如何调整等。因此,承包商的风险相对较小。

固定单价合同适用于工期较短、工程量变化幅度不会太大的项目。

在工程实践中,采用单价合同有时也会根据估算的工程量计算一个初步的合同总价,作为投标报价和签订合同之用。但是,当上述初步的合同总价与各项单价乘以实际完成的工程量之和发生矛盾时,则以后者为准,即单价优先。实际工程款的支付也将以实际完成工程量乘以合同单价进行计算。

2) 总价合同

总价合同,是指根据合同规定的工程施工内容和有关条件,业主应付给承包商的款额是一个确定的金额,即明确的总价。总价合同也称作总价包干合同,即根据施工招标时的要求和条件,当施工内容和有关条件不发生变化时,业主付给承包商的价款总额就不发生变化。总价合同分固定总价合同和变动总价合同两种。

(1) 固定总价合同。

固定总价合同的价格计算是以图纸及规定、规范为基础,工程任务和内容明确,业主的要求和条件清楚,合同总价一次包死,固定不变,即不再因为环境的变化和工程量的增减而变化。在这类合同中,承包商承担了全部的工作量和价格的风险。因此,承包商在报价时应对一切费用的价格变动因素以及不可预见因素都做充分的估计,并将其包含在合同价格之中。在国际上,这种合同被广泛接受和采用,因为有比较成熟的法规和先例的经验。对业主而言,在合同签订时就可以基本确定项目的总投资额,对投资控制有利;在双方都无法预测的风险条件下和可能有工程变更的情况下,承包商承担了较大的风险,业主的风险较小。但是,工程变更和不可预见的困难也常常引起合同双方的纠纷或者诉讼,最终导致其他费用的增加。当然,在固定总价合同中还可以约定,在发生重大工程变更、累计工程变更超过一定幅度或者其他特殊情况下可以对合同价格进行调整。因此,需要定义重大工程变更的含义、累计工程变更的幅度及什么样的特殊情况才能调整合同价格,以及如何调整合同价格等。

采用固定总价合同,双方结算比较简单,但是由于承包商承担了较大的风险,因此报价中不可避免地要增加一笔较高的不可预见风险费。承包商的风险主要有两个方面:一是价格风险,二是工作量风险。价格风险有报价计算错误、漏报项目、物价和人工费上涨等。工作量风险有工程量计算错误、工程范围不确定、工程变更,或者由于设计深度不够所造成的误差等。固定总价合同适用于以下情况:①工程量小、工期短,估计在施工过程中环境因素变化小,工程条件稳定并合理。②工程设计详细,图纸完整、清楚,工程任务和范围明确。③工程结构和技术简单,风险小。④投标期相对宽裕,承包商可以有充足的时间详细考察现场、复核工程量、分析招标文件、拟订施工计划。

(2)变动总价合同。

变动总价合同又称可调总价合同,合同价格是以图纸及规定、规范为基础,按照时价进行计算,得到包括全部工程任务和内容的暂定合同价格。它是一种相对固定的价格,在合同执行过程中,由于通货膨胀等原因而使所使用的工、料成本增加时,可以按照合同约定对合同总价进行相应的调整。当然,一般由于设计变更、工程量变化和其他工程条件变化所引起的费用变化也可以进行调整。因此,通货膨胀等不可预见因素的风险由业主承担,对承包商而言,其风险相对较小;但对业主而言,不利于其进行投资控制,突破投资的风险增大。

在工程施工承包招标时,施工期限一年左右的项目一般实行固定总价合同,通常不考虑价格调整问题,以签订合同时的单价和总价为准,物价上涨的风险全部由承包商承担。但是对建设周期一年半以上的工程项目,则应考虑下列因素引起的价格变化问题:①劳务工资以及材料费用的上涨;②其他影响工程造价的因素,如运输费、燃料费、电力等价格的变化;③外汇汇率的不稳定;④国家或者省、市立法的改变引起的工程费用上涨。

显然,采用总价合同时,对承发包工程的内容及其各种条件都应基本清楚、明确,否则,承发包双方都有蒙受损失的风险。因此,一般在施工图设计完成,施工任务和范围比较明确,业主的目标、要求和条件都清楚的情况下采用总价合同。对业主来说,由于设计花费时间长,因而开工时间较晚,开工后的变更容易带来索赔,而且在设计过程中也难以吸收承包商的建议。

总价合同和单价合同有时在形式上很相似,例如,在有的总价合同的招标文件中也有工程量表,也要求承包商提出各分项工程的报价,与单价合同在形式上很相似,但两者在性质上是完全不同的。总价合同是总价优先,承包商报总价,双方商讨并确定合同总价,最终也按总价结算。

　　3)成本加酬金合同

　　成本加酬金合同也称为成本补偿合同,这是与固定总价合同正好相反的合同,工程施工的最终合同价格将按照工程的实际成本再加上一定的酬金进行计算。在合同签订时,工程实际成本往往不能确定,只能确定酬金的取值比例或者计算原则。

　　采用这种合同,承包商不承担任何价格变化或工程量变化的风险,这些风险主要由业主承担,对业主的投资控制不利。承包商则往往缺乏控制成本的积极性,常常不仅不愿意控制成本,甚至还会期望提高成本以提高自己的经济效益,因此这种合同容易被那些不道德或不称职的承包商滥用,从而损害工程的整体效益。所以,应尽量避免采用成本加酬金合同。

　　成本加酬金合同通常用于以下两种情况。

　　(1)工程特别复杂,工程技术、结构方案不能预先确定,或者尽管可以确定工程技术和结构方案,但是不可能进行竞争性的招标活动,并以总价合同或单价合同的形式确定承包商,如研究开发性质的工程项目。

　　(2)时间特别紧迫,如抢险、救灾工程,来不及进行详细的计划和商谈。

　　对业主而言,成本加酬金合同也有一定优点,具体如下。

　　(1)可以通过分段施工缩短工期,而不必等待所有施工图完成才开始招标和施工。

　　(2)可以减少承包商的对立情绪,承包商对工程变更和不可预见条件的反应会比较积极和快捷。

　　(3)可以利用承包商的施工技术专家,帮助改进或弥补设计中的不足。

　　(4)业主可以根据自身力量和需要,较深入地介入和控制工程施工和管理。

　　(5)也可以通过确定最大保证价格约束工程成本不超过某一限值,从而转移一部分风险。

　　对承包商来说,这种合同比固定总价的风险低,利润比较有保证,因而比较有积极性。其缺点是合同的不确定性。由于设计未完成,无法准确确定合同的工程内容、工程量以及合同的终止时间,有时难以对工程计划进行合理安排。

　　成本加酬金合同有许多种形式,主要包括:①成本加固定费用合同;②成本加固定比例费用合同;③成本加奖金合同;④最大成本加费用合同。

　　当实行施工总承包管理模式或 CM 模式时,业主与施工总承包管理单位或 CM 单位的合同一般采用成本加酬金合同。在国际上,许多项目管理合同、咨询服务合同等也多采用成本加酬金合同的方式。

　　在施工承包合同中采用成本加酬金计价方式时,业主与承包商应该注意以下两个问题。

　　(1)必须有一个明确的如何向承包商支付酬金的条款,包括支付时间和金额百分比。如果发生变更和其他变化,酬金支付如何调整。

　　(2)应该列出工程费用清单,要规定一套详细的工程现场有关的数据记录、信息存储甚至记账的格式和方法,以便对工地实际发生的人工、机械和材料消耗等数据认真而及时地记录。应该保留有关工程实际成本的发票或付款的账单、表明款额已经支付的记录或证明等,以便业主进行审核和结算。

6.1.3　建设工程施工合同的内容

1.《建设工程施工合同(示范文本)》(以下简称《示范文本》)

1)《示范文本》的作用

鉴于施工合同内容复杂、涉及面宽,为了避免施工合同的编制者遗漏某些方面的重要条款,或条款约定责任不够公平合理,住房和城乡建设部、国家工商行政管理总局印发了《示范文本》,其经历了1999版、2013版、2017版等三个版本。示范文本的条款内容不仅涉及各种情况下双方的合同责任和规范化的履行管理程序,而且涵盖了非正常情况的处理原则,如变更、索赔、不可抗力、合同的被迫终止、争议的解决等方面。可见,示范文本的作用有避免缺款少项、防止显失公平、有利于合同监督、有利于裁判纠纷等。

2)《示范文本》的性质和适用范围

《示范文本》中的条款属于推荐使用,非强制性使用文本。合同当事人可结合建设工程具体情况、工程的具体特点,根据示范文本加以取舍、补充,并按照法律法规的规定和合同的约定,承担相应的法律责任及合同权利义务,最终形成责任明确、操作性强的合同。

《示范文本》适用于房屋建筑工程、土木工程、线路管道和设备安装工程、装修工程等建设工程的施工承发包活动,合同当事人可结合建设工程具体情况,根据《示范文本》订立合同,并按照法律法规规定和合同约定,承担相应的法律责任及合同权利义务。

3)《示范文本》的组成

《示范文本》由合同协议书、通用合同条款、专用合同条款三部分组成。

(1) 合同协议书。

合同协议书是施工合同的总纲性法律文件,基本涵盖合同的基本条款,反映合同生效的形式要件,经双方当事人签字盖章后合同即成立。合同协议书一般在合同当事人加盖公章,并由法定代表人或法定代表人的授权代表签字后生效,但合同当事人对合同生效有特别要求的,可以通过设置一定的生效条件或生效期限以满足具体项目的特殊情况。

合同协议书共计13条,主要包括:工程概况、合同工期、质量标准、签约合同价和合同价格形式、项目经理、合同文件构成、承诺以及合同生效条件等重要内容,集中约定了合同当事人基本的合同权利义务。

(2) 通用合同条款。

通用合同条款是合同当事人根据《建筑法》等法律法规的规定,就工程建设的实施及相关事项,对合同当事人的权利义务作出的原则性约定。

通用合同条款共计20条,具体条款分别为:一般约定、发包人、承包人、监理人、工程质量、安全文明施工与环境保护、工期和进度、材料与设备、试验与检验、变更、价格调整、合同价格、计量与支付、验收和工程试车、竣工结算、缺陷责任与保修、违约、不可抗力、保险、索赔和争议解决。前述条款安排既考虑了现行法律法规对工程建设的有关要求,也考虑了建设工程施工管理的特殊需要。通用条款在使用时不做任何改动,原文照搬。

(3) 专用合同条款。

专用合同条款是对通用合同条款原则性约定的细化、完善、补充、修改或另行约定的条款。合同当事人可以根据不同建设工程的特点及具体情况,通过双方的谈判、协商对相应的专用合同条款进行修改补充。在使用专用合同条款时,应注意以下事项:

① 专用合同条款的编号应与相应的通用合同条款编号一致;

② 合同当事人可以通过对专用合同条款的修改,满足具体建设工程的特殊要求,避免直接修改通用合同条款;

③ 在专用合同条款中有横道线的地方,合同当事人可针对相应的通用合同条款进行细化、完善、补充、修改或另行约定;如无细化、完善、补充、修改或另行约定,则填写"无"或划"/"。

2. 建设工程施工合同文件组成

构成施工合同文件的组成部分,除了合同协议书、通用合同条款和专用合同条款外,一般还应包括:中标通知书、投标函及其附录、技术标准和要求、图纸、已标价工程量清单或预算书等。

作为施工合同文件组成部分的上述各个文件,其优先顺序是不同的,解释合同文件优先顺序的规定一般在合同通用条款内,可以根据项目的具体情况在专用条款内进行调整。原则上应把文件签署日期在后的和内容重要的排在前面,即更加优先。以下是《建设工程施工合同(示范文本)》(GF–2017–0201)通用条款规定的优先顺序:

(1) 合同协议书;

(2) 中标通知书(如果有);

(3) 投标函及其附录(如果有);

(4) 专用合同条款及其附件;

(5) 通用合同条款;

(6) 技术标准和要求;

(7) 图纸;

(8) 已标价工程量清单或预算书;

(9) 其他合同文件。

6.1.4　典型案例

【案例背景】

某建设单位(甲方)拟建造一栋 15 000m² 的科研建造楼,采用工程量清单招标方式由某施工单位(乙方)承建。甲乙双方签订的施工合同中部分条款如下。

(1) 本协议书与下列文件一起构成合同文件:①中标通知书;②投标函及投标函附录;③专用合同条款;④通用合同条款;⑤技术标准和要求;⑥图样;⑦已标价工程量清单;⑧其他合同文件。

(2) 上述文件互相补充和解释,如有不明确或不一致之处,以合同约定在先者为准。

(3) 本合同采用总价合同方式确定,签约合同价人民币(大写)壹仟陆佰捌拾玖万元(￥16 890 000.00 元)。

(4) 承包人项目经理:在开工前由承包人采用内部竞聘方式确定。

　　(5)工程质量:甲方规定的质量标准。

　　问题:(1)实行工程量清单计价的工程,适宜采用何种合同类型? 本案例中采用总价合同方式是否违法?

　　(2)本案例中确定项目经理的方式妥当吗?

【案例解析】

　　(1)根据《建设工程工程量清单计价规范》(GB 50500—2013)的规定,对实行工程量清单计价的工程,宜采用单价合同方式。采用总价合同方式并不违法,因为《建设工程工程量清单计价规范》(GB 50500—2013)并未强制性规定采用单价合同方式。

　　(2)承包人在开工前采用内部竞聘方式确定项目经理不妥,应明确为投标文件中拟订的项目经理。如果项目经理人选发生变动,应征得监理人和(或)甲方同意。

6.1.5　典型训练

　　扫描下方二维码,完成典型训练。

任务 6.2　订立建设工程施工合同

6.2.1　合同订立的流程

　　与其他合同订立程序相同,建设工程合同的订立也要采取要约和承诺方式。根据《中华人民共和国招标投标法》对招标、投标的规定,招标、投标、中标的过程实质就是要约、承诺的一种具体方式。招标人通过媒体发布招标公告,或向符合条件的投标人发出招标文件,为要约邀请;投标人根据招标文件内容在约定的期限内向招标人提交投标文件,为要约;招标人通过评标确定中标人,发出中标通知书,为承诺;招标人和中标人按照中标通知书、招标文件和中标人的投标文件等订立书面合同时,合同成立并生效。

　　建设工程施工合同的订立往往需经历一个较长的过程,在明确中标人并发出中标通知书后,双方即可就建设工程施工合同的具体内容和有关条款展开谈判,直到最终签订合同。

6.2.2　发包人、承包人的责任与义务

1. 发包人的责任与义务

发包人的责任与义务主要包括以下方面。

1）图纸的提供和交底

发包人应按照专用合同条款约定的期限、数量和内容向承包人免费提供图纸，并组织承包人、监理人和设计人进行图纸会审和设计交底。发包人至迟不得晚于"开工通知"载明的开工日期前14天向承包人提供图纸。

2）对化石、文物的保护

发包人、监理人和承包人应按有关政府行政管理部门要求对施工现场发掘的所有文物、古迹以及具有地质研究或考古价值的其他遗迹、化石、钱币或物品采取妥善的保护措施，由此增加的费用和（或）延误的工期由发包人承担。

3）出入现场的权利

除专用合同条款另有约定外，发包人应根据施工需要，负责取得出入施工现场所需的批准手续和全部权利，以及取得因施工所需修建道路、桥梁以及其他基础设施的权利，并承担相关手续费用和建设费用。承包人应协助发包人办理修建场内外道路、桥梁以及其他基础设施的手续。

4）场外交通

发包人应提供场外交通设施的技术参数和具体条件，承包人应遵守有关交通法规，严格按照道路和桥梁的限制荷载行驶，执行有关道路限速、限行、禁止超载的规定，并配合交通管理部门的监督和检查。场外交通设施无法满足工程施工需要的，由发包人负责完善并承担相关费用。

5）场内交通

发包人应提供场内交通设施的技术参数和具体条件，并应按照专用合同条款的约定向承包人免费提供满足工程施工所需的场内道路和交通设施。因承包人原因造成上述道路或交通设施损坏的，承包人负责修复并承担由此增加的费用。

6）许可或批准

发包人应遵守法律，并办理法律规定由其办理的许可、批准或备案，包括但不限于建设用地规划许可证、建设工程规划许可证、建设工程施工许可证、施工所需临时用水、临时用电、中断道路交通、临时占用土地等许可和批准。发包人应协助承包人办理法律规定的有关施工证件和批件。因发包人原因未能及时办理完毕前述许可、批准或备案，由发包人承担由此增加的费用和（或）延误的工期，并支付承包人合理的利润。

7）提供施工现场

除专用合同条款另有约定外，发包人应最迟于开工日期7天前向承包人移交施工现场。

8）提供施工条件

除专用合同条款另有约定外，发包人应负责提供施工所需要的条件，包括以下几条。

（1）将施工用水、电力、通信线路等施工所必需的条件接至施工现场内。

（2）保证向承包人提供正常施工所需要的进入施工现场的交通条件。

（3）协调处理施工现场周围地下管线和邻近建筑物、构筑物、古树名木的保护工作，并承担相关费用。

（4）按照专用合同条款约定应提供的其他设施和条件。

9）提供基础资料

发包人应当在移交施工现场前,向承包人提供施工现场及工程施工所必需的毗邻区域内供水、排水、供电、供气、供热、通信、广播电视等地下管线资料,气象和水文观测资料,地质勘察资料,相邻建筑物、构筑物和地下工程等有关基础资料,并对所提供资料的真实性、准确性和完整性负责。

按照法律规定确需在开工后方能提供的基础资料,发包人应尽其努力、及时地在相应工程施工前的合理期限内提供,合理期限应以不影响承包人的正常施工为限。

10）资金来源证明及支付担保

除专用合同条款另有约定外,发包人应在收到承包人要求提供资金来源证明的书面通知后 28 天内,向承包人提供能够按照合同约定支付合同价款的相应资金来源证明。

除专用合同条款另有约定外,发包人要求承包人提供履约担保的,发包人应当向承包人提供支付担保。支付担保可以采用银行保函或担保公司担保等形式,具体由合同当事人在专用合同条款中约定。

11）支付合同价款

发包人应按合同约定向承包人及时支付合同价款。

12）组织竣工验收

发包人应按合同约定及时组织竣工验收。

13）现场统一管理协议

发包人应与承包人、由发包人直接发包的专业工程的承包人签订施工现场统一管理协议,明确各方的权利义务。施工现场统一管理协议作为专用合同条款的附件。

2. 承包人的责任与义务

承包人在履行合同过程中应遵守法律和工程建设标准规范,并履行以下义务。

（1）办理法律规定应由承包人办理的许可和批准,并将办理结果书面报送发包人留存。

（2）按法律规定和合同约定完成工程,并在保修期内承担保修义务。

（3）按法律规定和合同约定采取施工安全和环境保护措施,办理工伤保险,确保工程及人员、材料、设备和设施的安全。

（4）按合同约定的工作内容和施工进度要求,编制施工组织设计和施工措施计划,并对所有施工作业和施工方法的完备性和安全可靠性负责。

（5）在进行合同约定的各项工作时,不得侵害发包人与他人使用公用道路、水源、市政管网等公共设施的权利,避免对邻近的公共设施产生干扰。承包人占用或使用他人的施工场地,影响他人作业或生活的,应承担相应责任。

（6）按照"环境保护"约定负责施工场地及其周边环境与生态的保护工作。

（7）按照"安全文明施工"约定采取施工安全措施,确保工程及其人员、材料、设备和设施的安全,防止因工程施工造成的人身伤害和财产损失。

（8）将发包人按合同约定支付的各项价款专用于合同工程,且应及时支付其雇用人员工资,并及时向分包人支付合同价款。

（9）按照法律规定和合同约定编制竣工资料,完成竣工资料立卷及归档,并按专用合同条款约定的竣工资料的套数、内容、时间等要求移交发包人。

（10）应履行的其他义务。

6.2.3 合同工期和主要期限相关概念定义

1. 工期

工期是指在合同协议书内约定的承包人完成工程所需的期限,包括按照合同约定所作的期限变更。在合同协议书内应注明计划开工日期、计划竣工日期和计划工期总日历天数。工期总日历天数与根据前述计划开工日期、竣工日期计算的工期天数不一致的,以工期总日历天数为准。

1)天

除特别指明外,天均指日历天。合同中按天计算时间的,开始当天不计入,从次日开始计算,期限最后一天的截止时间为当天 24:00 时。

2)开工日期

开工日期包括计划开工日期和实际开工日期。计划开工日期是指合同协议书约定的开工日期;实际开工日期是指监理人按照《示范文本》中第 7.3.2 项"开工通知"约定发出的符合法律规定的开工通知中载明的开工日期。

3)竣工日期

竣工日期包括计划竣工日期和实际竣工日期。计划竣工日期是指合同协议书约定的竣工日期;实际竣工日期按照《示范文本》中第 13.2.3 项"竣工日期"的约定确定。

2. 期限

在合同履行过程中,涉及的主要期限有以下 3 个。

1)缺陷责任期

缺陷责任期是指承包人按照合同约定承担缺陷修复义务,且发包人预留质量保证金(已缴纳履约保证金的除外)的期限,自工程实际竣工日期起计算。

2)保修期

保修期是指承包人按照合同约定对工程承担保修责任的期限,从工程竣工验收合格之日起计算。

3)基准日期

招标发包的工程以投标截止日前 28 天的日期为基准日期,直接发包的工程以合同签订日前 28 天的日期为基准日期。

6.2.4 典型案例

【案例背景】

某电器公司与某建筑公司签订了《建筑工程施工合同》,对工程内容、工程价款、支付时间、工程质量、工期、违约责任等作了具体约定。在施工过程中,电器公司对施工图纸先后做了 8 次修改,但未能按期交付图纸,致使工期拖延。竣工验收时,电器公司对部分工程质量提出了异议。经双方协商无果,电器公司以建筑公司工期延误为由向法院提起诉讼,要求建筑公司承担相应的违约责任。

问题：（1）对工期的延误，建筑公司是否应当承担违约责任？

（2）建筑公司今后在施工合同签订与履行过程中应当注意哪些问题？

【案例解析】

（1）对于工期的延误，该建筑公司不应当承担违约责任，但需要举证。因为，在施工过程中，电器公司对施工图纸做了8次修改，并未按期交付图纸，导致了工期延误，建筑公司不应当为此承担违约责任。建筑公司应当向法院提交电器公司修改的图纸以及图纸修改时间等相关证据，即证明工期延误非本建筑公司行为所致。

（2）该建筑公司在今后的施工合同签订与履行过程中，应当对可能出现的工期延误情况作出专门的预期性约定，或者在合同履行中对由于对方原因导致合同延期的情况作出书面认定，以备将来一旦发生诉讼时有据可查。

6.2.5　合同价格相关概念定义

微课：合同价格
及工程预付款

合同价格中涉及的相关概念定义如下。

（1）签约合同价：指发包人和承包人在合同协议书中确定的总金额，包括安全文明施工费、暂估价及暂列金额等。

（2）合同价格：指发包人用于支付承包人按照合同约定完成承包范围内全部工作的金额，包括合同履行过程中按合同约定发生的价格变化。

（3）费用：指为履行合同所发生的或将要发生的所有必需的开支，包括管理费和应分摊的其他费用，但不包括利润。

（4）暂估价：指发包人在工程量清单或预算书中提供的用于支付必然发生但暂时不能确定价格的材料、工程设备的单价、专业工程以及服务工作的金额。

（5）暂列金额：指发包人在工程量清单或预算书中暂定并包括在合同价格中的一笔款项，用于工程合同签订时尚未确定或者不可预见的所需材料、工程设备、服务的采购，施工中可能发生的工程变更、合同约定调整因素出现时的合同价格调整以及发生的索赔、现场签证确认等的费用。

（6）计日工：指合同履行过程中，承包人完成发包人提出的零星工作或需要采用计日工计价的变更工作时，按合同中约定的单价计价的一种方式。

（7）质量保证金：指按照《示范文本》中第15.3款"质量保证金"约定承包人用于保证其在缺陷责任期内履行缺陷修补义务的担保。

（8）总价项目：指在现行国家、行业以及地方的计量规则中无工程量计算规则，在已标价工程量清单或预算书中以总价或以费率形式计算的项目。

6.2.6　不可抗力、工程保险与工程担保

1. 不可抗力

1）不可抗力的范围

不可抗力是指合同当事人在签订合同时不可预见，在合同履行过程中不可避免且不能

克服的自然灾害和社会性突发事件,如地震、海啸、瘟疫、骚乱、戒严、暴动、战争和专用合同条款中约定的其他情形。

2) 不可抗力事件发生后双方的工作

合同一方当事人遇到不可抗力事件,使其履行合同义务受到阻碍时,应立即通知合同另一方当事人和监理人,书面说明不可抗力和受阻碍的详细情况,并提供必要的证明。

不可抗力持续发生的,合同一方当事人应及时向合同另一方当事人和监理人提交中间报告,说明不可抗力和履行合同受阻的情况,并于不可抗力事件结束后 28 天内提交最终报告及有关资料。

3) 不可抗力后果的承担

不可抗力引起的后果及造成的损失由合同当事人按照法律规定及合同约定各自承担。不可抗力发生前已完成的工程应当按照合同约定进行计量支付。

不可抗力导致的人员伤亡、财产损失、费用增加和(或)工期延误等后果,由合同当事人按以下原则承担。

(1) 永久工程、已运至施工现场的材料和工程设备的损坏,以及因工程损坏造成的第三人人员伤亡和财产损失由发包人承担。

(2) 承包人施工设备的损坏由承包人承担。

(3) 发包人和承包人承担各自人员伤亡和财产的损失。

(4) 因不可抗力影响承包人履行合同约定的义务,已经引起或将引起工期延误的,应当顺延工期,由此导致承包人停工的费用损失由发包人和承包人合理分担,停工期间必须支付的工人工资由发包人承担。

(5) 因不可抗力引起或即将引起工期延误,发包人要求赶工的,由此增加的赶工费用由发包人承担。

(6) 承包人在停工期间按照发包人要求照管、清理和修复工程的费用由发包人承担。

不可抗力发生后,合同当事人均应采取措施尽量避免和减少损失的扩大,任何一方当事人没有采取有效措施导致损失扩大的,应对扩大的损失承担责任。

因合同一方迟延履行合同义务,在迟延履行期间遭遇不可抗力的,不免除其违约责任。

4) 不可抗力解除合同

因不可抗力导致合同无法履行连续超过 84 天或累计超过 140 天的,发包人和承包人均有权解除合同。合同解除后,由双方当事人按照《示范文本》第 4.4 款"商定或确定"发包人应支付的款项,该款项包括以下内容。

(1) 合同解除前承包人已完成工作的价款。

(2) 承包人为工程订购的并已交付给承包人,或承包人有责任接受交付的材料、工程设备和其他物品的价款。

(3) 发包人要求承包人退货或解除订货合同而产生的费用,或因不能退货或解除合同而产生的损失。

(4) 承包人撤离施工现场以及遣散承包人人员的费用。

(5) 按照合同约定在合同解除前应支付给承包人的其他款项。

(6) 扣减承包人按照合同约定应向发包人支付的款项。

(7) 双方商定或确定的其他款项。

除专用合同条款另有约定外,合同解除后,发包人应在商定或确定上述款项后 28 天内完成上述款项的支付。

2. 工程保险

工程保险包括工程一切险、第三者责任险、人身意外伤害险等。

(1)工程一切险。按照我国保险制度,工程一切险包括建筑工程一切险、安装工程一切险两类。在施工过程中,如果发生保险责任事件使工程本体受到损害,已支付进度款部分的工程属于项目法人的财产,尚未获得支付但已完成部分的工程属于承包人的财产,因此要求投保人办理保险时应以双方名义共同投保。为了保证保险的有效性和连贯性,国内工程通常由项目法人办理保险,国际工程一般要求承包人办理保险。

如果承包人不愿投保一切险,也可以就承包人的材料、机具设备、临时工程、已完工程等分别进行保险,但应征得业主的同意。一般来说,集中投保一切险,可能比分别投保的费用要少。有时,承包人将一部分永久工程、临时工程、劳务等分包给其他分包人,他可以要求分包人投保其分担责任的那一部分保险,而自己按扣除该分包价格的余额进行投保。

(2)第三者责任险。该项保险是指由于施工的原因导致项目法人和承包人以外的第三人受到财产损失或人身伤害的赔偿。第三者责任险的被保险人也应是项目法人和承包人。该险种一般附加在工程一切险中。

在发生这种涉及第三方损失的责任时,保险公司将对承包人由此遭到的赔款和发生诉讼等费用进行赔偿。但是应当注意,属于承包人或业主在工地的财产损失,或其公司和其他承包人在现场从事与工作有关的职工的伤亡不属于第三者责任险的赔偿范围,而属于工程一切险和人身意外险的责任范围。

(3)人身意外伤害险。为了将参与项目建设的人员由于施工原因受到人身意外伤害的损失转移给保险公司,应为从事危险作业的工人和职员办理意外伤害保险。此项保险义务分别由发包人、承包人负责对本方参与现场施工的人员投保。

3. 工程担保

承发包双方为了全面履行合同,应互相提供以下担保:

(1)发包人向承包人提供工程支付担保,按合同约定支付工程价款及履行合同约定的其他义务;

(2)承包人向发包人提供履约担保,按合同约定履行自己的各项义务。

除专用合同条款另有约定外,发包人要求承包人提供履约担保的,发包人应当向承包人提供支付担保。支付担保可以采用银行保函或担保公司担保等形式,具体由合同当事人在专用合同条款中约定。

6.2.7 典型训练

扫描下方二维码,完成典型训练。

任务 6.3 建设工程施工合同过程管理

6.3.1 施工合同管理的目标

微课:工程合同管理中网络图的应用

施工合同管理是对施工合同的策划、签订、履行、变更、索赔和争议解决的管理,是施工项目管理的重要组成部分。施工合同管理是为项目目标和企业目标服务的,以保证项目目标和企业目标的实现。具体来说,施工合同管理的目标包括以下内容。

(1)使整个施工项目在预定的成本、预定的工期范围内完成,达到预定的质量和功能要求,实现项目的三大目标。

(2)使施工项目的实施过程顺利,合同争议较少,合同双方当事人能够圆满地履行合同义务。

(3)保证整个施工合同的签订和实施过程符合法律、行政法规的要求。

(4)一个成功的施工合同管理,应在工程竣工时使双方都感到满意,最终发包人按计划获得一个合格的工程,达到投资目的,对工程、承包人以及双方的合作感到满意;承包人不但获得利润,还赢得信誉,建立起双方友好合作的关系。这也是企业发展战略和经营管理对合同管理的要求。

6.3.2 进度控制管理

在《示范文本》中关于进度控制的主要条款内容如下。

1. 施工进度计划

1)施工进度计划的编制

承包人应按照"施工组织设计"约定提交详细的施工进度计划,施工进度计划的编制应当符合国家法律规定和一般工程实践惯例,施工进度计划经发包人批准后实施。施工进度计划是控制工程进度的依据,发包人和监理人有权按照施工进度计划检查工程进度情况。

2)施工进度计划的修订

施工进度计划不符合合同要求或与工程的实际进度不一致的,承包人应向监理人提交修订的施工进度计划,并附具有关措施和相关资料,由监理人报送发包人。除专用合同条款另有约定外,发包人和监理人应在收到修订的施工进度计划后7天内完成审核和批准或提出修改意见。发包人和监理人对承包人提交的施工进度计划的确认,不能减轻或免除承包人根据法律规定和合同约定应承担的任何责任或义务。

3)开工通知

发包人应按照法律规定获得工程施工所需的许可。经发包人同意后,监理人发出的开工通知应符合法律规定。监理人应在计划开工日期7天前向承包人发出开工通知,工期自开工通知中载明的开工日期起计算。

除专用合同条款另有约定外,因发包人原因造成监理人未能在计划开工日期之日起

90 天内发出开工通知的,承包人有权提出价格调整要求,或者解除合同。发包人应当承担由此增加的费用和(或)延误的工期,并向承包人支付合理利润。

2. 工期延误

1)因发包人原因导致工期延误

在合同履行过程中,因下列情况导致工期延误和(或)费用增加的,由发包人承担由此延误的工期和(或)增加的费用,且发包人应支付承包人合理的利润:

(1)发包人未能按合同约定提供图纸或所提供图纸不符合合同约定的;

(2)发包人未能按合同约定提供施工现场、施工条件、基础资料、许可、批准等开工条件的;

(3)发包人提供的测量基准点、基准线和水准点及其书面资料存在错误或疏漏的;

(4)发包人未能在计划开工日期之日起 7 天内同意下达开工通知的;

(5)发包人未能按合同约定日期支付工程预付款、进度款或竣工结算款的;

(6)监理人未按合同约定发出指示、批准等文件的;

(7)专用合同条款中约定的其他情形。

因发包人原因未按计划开工日期开工的,发包人应按实际开工日期顺延竣工日期,确保实际工期不低于合同约定的工期总日历天数。因发包人原因导致工期延误需要修订施工进度计划的,按照"施工进度计划的修订"执行。

2)因承包人原因导致工期延误

可以在专用合同条款中约定因承包人原因造成工期延误的逾期竣工违约金的计算方法和逾期竣工违约金的上限。承包人支付逾期竣工违约金后,不免除承包人继续完成工程及修补缺陷的义务。

3)暂停施工

(1)发包人原因引起的暂停施工。

因发包人原因引起暂停施工的,监理人经发包人同意后,应及时下达暂停施工指示。情况紧急且监理人未及时下达暂停施工指示的,按照"紧急情况下的暂停施工"执行。

因发包人原因引起的暂停施工,发包人应承担由此增加的费用和(或)延误的工期,并支付承包人合理的利润。

(2)承包人原因引起的暂停施工。

因承包人原因引起的暂停施工,承包人应承担由此增加的费用和(或)延误的工期,且承包人在收到监理人复工指示后 84 天内仍未复工的,视为"承包人违约的情形"中约定的承包人无法继续履行合同的情形。

(3)指示暂停施工。

监理人认为有必要时,并经发包人批准后,可向承包人作出暂停施工的指示,承包人应按监理人指示暂停施工。

(4)紧急情况下的暂停施工。

因紧急情况需暂停施工,且监理人未及时下达暂停施工指示的,承包人可先暂停施工,并及时通知监理人。监理人应在接到通知后 24 小时内发出指示,逾期未发出指示,视为同意承包人暂停施工。监理人不同意承包人暂停施工的,应说明理由,承包人对监理人的答复有异议,按照"争议解决"约定处理。

4) 提前竣工

发包人要求承包人提前竣工的,发包人应通过监理人向承包人下达提前竣工指示,承包人应向发包人和监理人提交提前竣工建议书,提前竣工建议书应包括实施的方案、缩短的时间、增加的合同价格等内容。发包人接受该提前竣工建议书的,监理人应与发包人和承包人协商采取加快工程进度的措施,并修订施工进度计划,由此增加的费用由发包人承担。承包人认为提前竣工指示无法执行的,应向监理人和发包人提出书面异议,发包人和监理人应在收到异议后 7 天内予以答复。任何情况下,发包人不得压缩合理工期。

发包人要求承包人提前竣工,或承包人提出提前竣工的建议能够给发包人带来效益的,合同当事人可以在专用合同条款中约定提前竣工的奖励。

5) 竣工日期

工程经竣工验收合格的,以承包人提交竣工验收申请报告之日为实际竣工日期,并在工程接收证书中载明;因发包人原因,未在监理人收到承包人提交的竣工验收申请报告 42 天内完成竣工验收,或完成竣工验收不予签发工程接收证书的,以提交竣工验收申请报告的日期为实际竣工日期;工程未经竣工验收,发包人擅自使用的,以转移占有工程之日为实际竣工日期。

6.3.3　质量控制管理

在《示范文本》中关于质量控制的主要条款内容如下。

1. 承包人的质量管理

承包人按照"施工组织设计"约定向发包人和监理人提交工程质量保证体系及措施文件,建立完善的质量检查制度,并提交相应的工程质量文件。对于发包人和监理人违反法律规定和合同约定的错误指示,承包人有权拒绝实施。

微课:建设工程施工合同管理——质量控制管理

承包人应对施工人员进行质量教育和技术培训,定期考核施工人员的劳动技能,严格执行施工规范和操作规程。

承包人应按照法律规定和发包人的要求,对材料、工程设备以及工程的所有部位及其施工工艺进行全过程的质量检查和检验,并做详细记录,编制工程质量报表,报送监理人审查。此外,承包人还应按照法律规定和发包人的要求,进行施工现场取样试验、工程复核测量和设备性能检测,提供试验样品、提交试验报告和测量成果以及其他工作。

2. 监理人的质量检查和检验

监理人按照法律规定和发包人授权对工程的所有部位及其施工工艺、材料和工程设备进行检查和检验。承包人应为监理人的检查和检验提供方便,包括监理人到施工现场,或制造、加工地点,或合同约定的其他地方进行察看和查阅施工原始记录。监理人为此进行的检查和检验,不免除或减轻承包人按照合同约定应当承担的责任。

监理人的检查和检验不应影响施工正常进行。监理人的检查和检验影响施工正常进行的,且经检查检验不合格的,影响正常施工的费用由承包人承担,工期不予顺延;经检查检验合格的,由此增加的费用和(或)延误的工期由发包人承担。

3. 隐蔽工程检查

1）承包人自检

承包人应当对工程隐蔽部位进行自检，并经自检确认是否具备覆盖条件。

2）检查程序

除专用合同条款另有约定外，工程隐蔽部位经承包人自检确认具备覆盖条件的，承包人应在共同检查前 48 小时书面通知监理人检查，通知中应载明隐蔽检查的内容、时间和地点，并应附有自检记录和必要的检查资料。

监理人应按时到场并对隐蔽工程及其施工工艺、材料和工程设备进行检查。经监理人检查确认质量符合隐蔽要求，并在验收记录上签字后，承包人才能进行覆盖。经监理人检查质量不合格的，承包人应在监理人指示的时间内完成修复，并由监理人重新检查，由此增加的费用和（或）延误的工期由承包人承担。

除专用合同条款另有约定外，监理人不能按时进行检查的，应在检查前 24 小时向承包人提交书面延期要求，但延期不能超过 48 小时，由此导致工期延误的，工期应予以顺延。监理人未按时进行检查，也未提出延期要求的，视为隐蔽工程检查合格，承包人可自行完成覆盖工作，并做相应记录报送监理人，监理人应签字确认。监理人事后对检查记录有疑问的，可按"重新检查"的约定重新检查。

3）重新检查

承包人覆盖工程隐蔽部位后，发包人或监理人对质量有疑问的，可要求承包人对已覆盖的部位进行钻孔探测或揭开重新检查，承包人应遵照执行，并在检查后重新覆盖恢复原状。经检查证明工程质量符合合同要求的，由发包人承担由此增加的费用和（或）延误的工期，并支付承包人合理的利润；经检查证明工程质量不符合合同要求的，由此增加的费用和（或）延误的工期由承包人承担。

4）承包人私自覆盖

承包人未通知监理人到场检查，私自将工程隐蔽部位覆盖的，监理人有权指示承包人钻孔探测或揭开检查，无论工程隐蔽部位质量是否合格，由此增加的费用和（或）延误的工期均由承包人承担。

4. 不合格工程的处理

因承包人原因造成工程不合格的，发包人有权随时要求承包人采取补救措施，直至达到合同要求的质量标准，由此增加的费用和（或）延误的工期由承包人承担。无法补救的，按照"拒绝接收全部或部分工程"约定执行。

因发包人原因造成工程不合格的，由此增加的费用和（或）延误的工期由发包人承担，并支付承包人合理的利润。

5. 分部分项工程验收

除专用合同条款另有约定外，分部分项工程经承包人自检合格并具备验收条件的，承包人应提前 48 小时通知监理人进行验收。监理人不能按时进行验收的，应在验收前 24 小时向承包人提交书面延期要求，但延期不能超过 48 小时。监理人未按时进行验收，也未提出延期要求的，承包人有权自行验收，监理人应认可验收结果。分部分项工程未经验收的，不得进入下一道工序施工。分部分项工程的验收资料应当作为竣工资料的组成部分。

6. 缺陷责任与保修

1) 工程保修的原则

在工程移交发包人后,因承包人原因产生的质量缺陷,承包人应承担质量缺陷责任和保修义务。缺陷责任期届满,承包人仍应按合同约定的工程各部位保修年限承担保修义务。

2) 缺陷责任期

缺陷责任期从工程通过竣工验收之日起计算,合同当事人应在专用合同条款中约定缺陷责任期的具体期限,但该期限最长不超过 24 个月。单位工程先于全部工程进行验收,经验收合格并交付使用的,该单位工程缺陷责任期自单位工程验收合格之日起计算。因承包人原因导致工程无法按合同约定期限进行竣工验收的,缺陷责任期从实际通过竣工验收之日起计算。因发包人原因导致工程无法按合同约定期限进行竣工验收的,在承包人提交竣工验收申请报告 90 天后,工程自动进入缺陷责任期;发包人未经竣工验收擅自使用工程的,缺陷责任期自工程转移占有之日起开始计算。

缺陷责任期内,由承包人原因造成的缺陷,承包人应负责维修,并承担鉴定及维修费用。如承包人不维修也不承担费用,发包人可按合同约定从保证金或银行保函中扣除,费用超出保证金额的,发包人可按合同约定向承包人进行索赔。承包人维修并承担相应费用后,不免除对工程的损失赔偿责任。发包人有权要求承包人延长缺陷责任期,并应在原缺陷责任期届满前发出延长通知。但缺陷责任期(含延长部分)最长不能超过 24 个月。

由他人原因造成的缺陷,发包人负责组织维修,承包人不承担费用,且发包人不得从保证金中扣除费用。

任何一项缺陷或损坏修复后,经检查证明其影响了工程或工程设备的使用性能,承包人应重新进行合同约定的试验和试运行,试验和试运行的全部费用应由责任方承担。

除专用合同条款另有约定外,承包人应于缺陷责任期届满后 7 天内向发包人发出缺陷责任期届满通知,发包人应在收到缺陷责任期满通知后 14 天内核实承包人是否履行缺陷修复义务,承包人未能履行缺陷修复义务的,发包人有权扣除相应金额的维修费用。发包人应在收到缺陷责任期届满通知后 14 天内,向承包人颁发缺陷责任期终止证书。

3) 保修责任

工程保修期从工程竣工验收合格之日起算,具体分部分项工程的保修期由合同当事人在专用合同条款中约定,但不得低于法定最低保修年限。在工程保修期内,承包人应当根据有关法律规定以及合同约定承担保修责任。发包人未经竣工验收擅自使用工程的,保修期自转移占有之日起计算。

4) 修复费用

保修期内,修复的费用按照以下约定处理。

(1) 保修期内,因承包人原因造成工程的缺陷、损坏,承包人应负责修复,并承担修复的费用以及因工程的缺陷、损坏造成的人身伤害和财产损失。

(2) 保修期内,因发包人使用不当造成工程的缺陷、损坏,可以委托承包人修复,但发包人应承担修复的费用,并支付承包人合理利润。

(3) 因其他原因造成工程的缺陷、损坏,可以委托承包人修复,发包人应承担修复的费用,并支付承包人合理的利润,因工程的缺陷、损坏造成的人身伤害和财产损失由责任方承担。

5)未能修复

因承包人原因造成工程的缺陷或损坏,承包人拒绝维修或未能在合理期限内修复缺陷或损坏,且经发包人书面催告后仍未修复的,发包人有权自行修复或委托第三方修复,所需费用由承包人承担。但修复范围超出缺陷或损坏范围的,超出范围部分的修复费用由发包人承担。

6.3.4 费用控制管理

在《示范文本》中关于费用控制的主要条款内容如下。

微课:应用合同
条款进行工程款
结算管理

1. 预付款

预付款是施工合同订立后由发包人按合同约定,在正式开工前预先支付给承包人的工程价款,用于一定数量的备料和资金周转。预付款只能专用于本合同工程。

1)预付款的支付

预付款的支付按照专用合同条款约定执行,但至迟应在开工通知载明的开工日期7天前支付。预付款应当用于材料、工程设备、施工设备的采购及修建临时工程、组织施工队伍进场等。除专用合同条款另有约定外,预付款在进度付款中同比例扣回。在颁发工程接收证书前,提前解除合同的,尚未扣完的预付款应与合同价款一并结算。

发包人逾期支付预付款超过7天的,承包人有权向发包人发出要求预付的催告通知,发包人收到通知后7天内仍未支付的,承包人有权暂停施工,并按“发包人违约的情形”执行。

2)预付款担保

发包人要求承包人提供预付款担保的,承包人应在发包人支付预付款7天前提供预付款担保,专用合同条款另有约定除外。预付款担保可采用银行保函、担保公司担保等形式,具体由合同当事人在专用合同条款中约定。在预付款完全扣回之前,承包人应保证预付款担保持续有效。

发包人在工程款中逐期扣回预付款后,预付款担保额度应相应减少,但剩余的预付款担保金额不得低于未被扣回的预付款金额。

2. 计量

1)计量周期

除专用合同条款另有约定外,工程量的计量按月进行。

2)单价合同的计量

除专用合同条款另有约定外,单价合同的计量按照以下约定执行。

(1)承包人应于每月25日向监理人报送上月20日至当月19日已完成的工程量报告,并附具进度付款申请单、已完成工程量报表和有关资料。

(2)监理人应在收到承包人提交的工程量报告后7天内完成对承包人提交的工程量报表的审核,并报送发包人,以确定当月实际完成的工程量。监理人对工程量有异议的,有权要求承包人进行共同复核或抽样复测。承包人应协助监理人进行复核或抽样复测,并按监理人要求提供补充计量资料。承包人未按监理人要求参加复核或抽样复测的,监理人复核或修正的工程量视为承包人实际完成的工程量。

(3)监理人未在收到承包人提交的工程量报表后的7天内完成审核的,承包人报送的工程量报告中的工程量视为承包人实际完成的工程量,据此计算工程价款。

3)总价合同的计量

除专用合同条款另有约定外,按月计量支付的总价合同,按照以下约定执行。

(1)承包人应于每月25日向监理人报送上月20日至当月19日已完成的工程量报告,并附具进度付款申请单、已完成工程量报表和有关资料。

(2)监理人应在收到承包人提交的工程量报告后7天内完成对承包人提交的工程量报表的审核,并报送发包人,以确定当月实际完成的工程量。监理人对工程量有异议的,有权要求承包人进行共同复核或抽样复测。承包人应协助监理人进行复核或抽样复测并按监理人要求提供补充计量资料。承包人未按监理人要求参加复核或抽样复测的,监理人审核或修正的工程量视为承包人实际完成的工程量。

(3)监理人未在收到承包人提交的工程量报表后的7天内完成复核的,承包人提交的工程量报告中的工程量视为承包人实际完成的工程量。

3. 工程进度款支付

工程进度款结算是工程价款结算的一个重要的内容,做好工程进度款结算工作是做好竣工结算的基础。有关工程进度付款的合同约定包括4个方面的内容。

微课:应用规范标准进行工程结算管理

1)进度付款申请单的要求

承包人应在每个付款周期末,按监理人批准的格式和专用合同条款约定的份数,向监理人提交进度付款申请单,并附相应的支持性证明文件。除专用合同条款另有约定外,进度付款申请单包括下列内容:

(1)截至本次付款周期末已实施工程的价款;

(2)应增加和扣减的变更金额;

(3)应增加和扣减的索赔金额;

(4)应支付的预付款和扣减的返还预付款;

(5)约定应扣减的质量保证金;

(6)根据合同应增加和扣减的其他金额。

2)进度付款证书与支付时间

(1)监理人在收到承包人进度付款申请单以及相应的支持性证明文件后,于约定期限内完成核查,提出发包人到期应支付给承包人的金额以及相应的支持性材料,经发包人审查同意后,由监理人向承包人出具经发包人签认的进度付款证书。监理人有权扣发承包人未能按照合同要求履行任何工作或义务的相应金额。

(2)发包人应在监理人收到进度付款申请单后的约定期限内,将进度应付款支付给承包人。发包人不按期支付的,按专用合同条款的约定支付逾期付款违约金。

(3)监理人出具进度付款证书,不应视为监理人已同意、批准或接受了承包人完成的该部分工作。

（4）进度付款涉及政府投资资金的，按照国库集中支付等国家相关规定和专用合同条款的约定办理。

3）工程进度付款的修正

在对以往历次已签发的进度付款证书进行汇总和复核中发现错漏或重复的，监理人有权予以修正，承包人也有权提出修正申请。经双方复核同意的修正，应在本次进度付款中支付或扣除。

4）临时付款证书

在合同约定的期限内，承包人和监理人有时无法对当期已完工程量和按合同约定应当支付的其他款项达成一致，为避免争议，可在专用合同条款内约定监理人就承包人没有异议的金额准备临时付款证书，报发包人审查。临时付款证书中应当说明承包人有异议部分金额及其原因，经发包人签字确认后，由监理人向承包人出具临时付款证书，发包人按合同约定的期限将临时付款证书中确定的应付金额支付给承包人。

对临时付款证书中列明的承包人有异议部分的金额，承包人应当按照监理人要求，提交进一步的支持文件和（或）与监理人做进一步共同复核工作，经监理人进一步审核并认可的应付金额，可按合同约定进度付款支付程序纳入下一期进度付款证书中。经过上述程序，承包人仍有异议的，可按合同约定的争议解决程序办理。

4. 质量保证金

质量保证金用于保证承包人履行属于自身责任的工程缺陷修补。质量保证金总额通常为合同价格的3%，可视项目的具体情况而定。质量保证金的扣留比例和方法应在专用条款或技术标准中约定。

监理人应在合同约定的支付周期开始，在发包人的进度付款中，按专用合同条款的约定扣留质量保证金，直至扣留的质量保证金总额达到专用合同条款约定的金额或比例为止。

在缺陷责任期满时，承包人向发包人申请到期应返还承包人剩余的质量保证金，发包人应在约定的期限内会同承包人，按照合同约定的内容核实承包人是否完成缺陷责任。如无异议，发包人应当在核实后将剩余保证金返还承包人。在约定的缺陷责任期满时，承包人没有完成缺陷责任的，发包人有权扣留与未履行责任剩余工作所需金额相应的质量保证金余额，并有权根据合同约定要求延长缺陷责任期，直至完成剩余工作为止。

5. 竣工结算

按照国家法律法规相关的规定，工程竣工验收后，发包人与承包人双方应及时办理工程竣工结算，否则工程不得交付使用，政府有关部门不予办理权属登记。

微课：工程结算

在实际工作中，当年开工、当年竣工的工程，只需办理一次性结算。跨年度的工程，根据企业财务工作的要求，可在年终办理一次年终结算，将未完工程转结到下一年度，此时竣工结算等于各年结算的总和。

有关竣工结算的合同约定一般包括以下内容。

1）对于竣工付款申请的要求

（1）工程接收证书颁发后，承包人应按专用合同条款约定的份数和期限向监理人提交竣工付款申请单,并提供相关证明材料。除专用合同条款另有约定外,竣工付款申请单应包括:竣工结算合同总价、发包人已支付承包人的工程价款、应扣留的质量保证金、应支付的竣工付款金额。

(2) 监理人对竣工付款申请单有异议的,有权要求承包人进行修正和提供补充资料。经监理人和承包人协商后,由承包人向监理人提交修正后的竣工付款申请单。

2) 竣工付款证书和支付时间

(1) 监理人在收到承包人提交的竣工付款申请单后,于约定期限内完成核查,提出发包人到期应支付给承包人的价款送发包人审核并抄送承包人。发包人应在收到后,应按合同约定的期限内审核完毕,由监理人向承包人出具经发包人签字确认的竣工付款证书。监理人未在约定时间内核查,又未提出具体意见的,视为承包人提交的竣工付款申请单已经监理人核查同意;发包人未在约定时间内审核又未提出具体意见的,监理人提出发包人到期应支付给承包人的价款视为已经发包人同意。

(2) 发包人应在监理人出具竣工付款证书后,应按合同约定期限将支付款支付给承包人。发包人不按期支付的,按合同约定,将逾期付款违约金支付给承包人。

(3) 承包人对发包人签字确认的竣工付款证书有异议的,发包人可出具竣工付款申请单中承包人已同意部分的临时付款证书。存在争议的部分,按合同约定的争议解决办法办理。

6. 最终结清

当缺陷责任终止证书颁发后,承包人已履行完其全部合同义务,但合同价款尚未结清,因此承包人需提交最终结清的申请单,说明未结清的名目和金额,并附有关的证明材料。

最终结清时,如果发包人扣留的质量保证金不足以补偿发包人损失的,承包人应承担不足部分的赔偿责任。

有关最终结清的合同约定包括以下内容。

1) 对于最终结清申请单的要求

(1) 缺陷责任期终止证书签发后,承包人可按专用合同条款约定的份数和期限向监理人提交最终结清申请单,并提供相关证明材料。

(2) 发包人对最终结清申请单内容有异议的,有权要求承包人进行修正和提供补充资料,由承包人向监理人提交修正后的最终结清申请单。

2) 最终结清证书和支付时间

(1) 监理人收到承包人提交的最终结清申请单后,按合同约定的期限提出发包人应支付给承包人的价款送发包人审核,并抄送承包人。发包人在收到后,应按约定的期限审核完毕,由监理人向承包人出具经发包人签字确认的最终结清证书。监理人未在约定时间内核查,又未提出具体意见的,视为承包人提交的最终结清申请已经监理人核查同意;发包人未在约定时间内审核又未提出具体意见的,监理人提出应支付给承包人的价款视为已经发包人同意。

(2) 发包人应在监理人出具最终结清证书后,按合同约定的期限将应支付款支付给承包人。发包人不按期支付的,应按合同约定承担违约责任,将逾期付款违约金支付给承包人。

（3）承包人对发包人签字确认的最终结清证书有异议的,应按合同约定的争议解决办法办理。

6.3.5　典型案例

【案例背景】

某市高层商业大楼项目由远华房地产集团公司投资开发,总建筑面积12万平方米,业主委托了四方监理公司进行工程监理。该工程由某一级建筑施工总承包单位进行施工,经业主同意后,该施工总承包单位将该项目空调安装工程分包给某专业空调安装施工单位。该工程自2020年5月上旬动工,在2021年8月进行工程竣工验收。

该高层住宅楼竣工验收程序及组织如下。

（1）单位工程完工后,施工单位应自行组织有关人员进行检查评定,并向监理单位提交工程验收报告。

（2）监理单位收到工程验收报告后,应由监理单位组织建设、施工(含分包单位)、勘察、设计等单位(项目)负责人进行单位工程(子单位工程)验收。

（3）分包单位对所承包的工程项目应按标准规定的程序检查评定,监理单位派人参加。分包工程完成后,将工程有关资料交总包单位。

（4）当参加验收各方对工程质量验收结束不一致时,可请当地建设行政主管部门或工程质量监督机构协调处理。

（5）单位工程质量验收合格后,建设单位应在规定时间内将工程竣工验收报告和有关文件,报建设行政管理部门备案。

问题：（1）指出该工程在竣工验收程序及组织中的不妥之处并改正。

（2）该工程施工总承包单位和分包方空调安装施工单位在工程档案管理方面的职责是什么?

（3）空调安装施工单位将竣工资料直接交给建设单位的做法是否正确? 为什么?

【案例解析】

（1）该工程的竣工验收程序及组织中的不妥之处如下。

第（1）条,"单位工程完工后,施工单位应自行组织有关人员进行检查评定,并向监理单位提交工程验收报告",应改为"单位工程完工后,施工单位应自行组织有关人员进行检查评定,并向监理单位提交工程预验收申请"。

第（2）条,"监理单位收到工程验收报告后,应由监理单位组织建设、施工(含分包单位)、勘察、设计等单位(项目)负责人进行单位工程(子单位工程)验收",应改为"建设单位收到工程验收报告后,应由建设单位(项目)负责人组织施工(含分包单位)、设计、监理等单位(项目)负责人进行单位工程(子单位工程)验收"。

第（3）条,"监理单位应派人参加",应改为"总包单位应派人参加"。

（2）总包单位负责收集、汇总各分包单位形成的工程档案,并应及时向建设单位移交;分包单位应将本单位形成的工程文件整理、立卷后及时移交总包单位。

（3）不正确。因为按规定空调安装施工单位的竣工资料应先交给施工总承包单位。

6.3.6　典型训练

扫描下方二维码，完成典型训练。

学习笔记

项目提升训练

一、单选题

1. 关于施工合同特征的说法,错误的是(　　)。
　　A. 施工合同是双务合同　　　　　　　B. 施工合同是要式合同
　　C. 施工合同客体是工程　　　　　　　D. 施工合同是有偿合同

2. 建设工程未经竣工验收,发包人擅自使用的,该工程竣工日期应为(　　)。
　　A. 提交验收报告之日　　　　　　　　B. 建设工程完工之日
　　C. 转移占有建设工程之日　　　　　　D. 竣工验收合格之日

3. 质量保证金总额通常为合同价格的(　　)。
　　A. 3%　　　　　　B. 5%　　　　　　C. 10%　　　　　　D. 8%

4. 某建设工程承包人在工程完工后于2月1日提交了竣工验收报告,发包人未组织验收;3月1日工程由发包人接收;4月1日承包人提交了结算文件,发包人迟迟未予结算;6月1日,承包人起诉至人民法院。该工程应付款时间为(　　)。
　　A. 3月1日　　　　　B. 2月1日　　　　　C. 4月1日　　　　　D. 6月1日

5. 某工程承包人于2022年5月15日提交了竣工验收申请报告,6月10日工程竣工验收合格,6月15日发包人签发了工程接收证书,根据《建设工程施工合同(示范文本)》(GF-2017-0201)通用条款,该工程的缺陷责任期、保修期起算日分别为(　　)。
　　A. 6月10日、6月15日　　　　　　　　B. 5月15日、6月10日
　　C. 5月15日、6月15日　　　　　　　　D. 6月15日、6月10日

6. 根据《建设工程施工合同(示范文本)》(GF-2017-0201),除专用条款另有约定外,下列合同文件中拥有最优先解释权的是(　　)。
　　A. 通用合同条款　　　　　　　　　　B. 投标函及其附录
　　C. 技术标准和要求　　　　　　　　　D. 中标通知书

7. 对于单价合同计价方式,确定结算工程款的依据是(　　)。
　　A. 实际工程量和实际单价　　　　　　B. 合同工程量和合同单价
　　C. 实际工程量和合同单价　　　　　　D. 合同工程量和实际单价

8. 承包人可以解除建设工程施工合同的情形是(　　)。
　　A. 发包人提供的主要建筑材料、建筑构配件和设备不符合强制性标准的
　　B. 发包人不履行合同约定的协助义务的
　　C. 发包人未按约定支付工程价款,致使承包人无法施工,且在催告的合理期限内仍未履行相应义务的
　　D. 发包人迟延履行主要债务的

9. 关于总价合同的说法,正确的是(　　)。
　　A. 总价合同适用于工期要求紧的项目,业主可在初步设计完成后进行招标,从而缩短招标准备时间
　　B. 工程施工承包招标时,施工期限一年左右的项目一般采用变动总价合同
　　C. 固定总价合同可以约定,在发生重大工程变更时可以对合同价格进行调整

　　D. 变动总价合同中,通货膨胀等不可预见因素的风险由承包商承担

10. 与总价合同计价方式相比较,单价合同的特点是(　　)。

　　A. 业主的风险较小,承包人将承担较多的风险

　　B. 招标时易于迅速确定最低报价的投标人

　　C. 施工进度上能极大地调动承包人的积极性

　　D. 业主的协调工作量大,对投资控制不利

11. 建筑安装工程进度款支付的申请内容中不包括(　　)。

　　A. 已支付的合同价款　　　　　　　　　B. 本月完成的合同价款

　　C. 已签订的预算价款　　　　　　　　　D. 本月返还的预付价款

12. 关于缺陷责任期确定的说法,正确的是(　　)。

　　A. 施工合同可以约定缺陷责任期为26个月

　　B. 由于承包人的原因导致工程无法进行竣工验收,缺陷责任期从实际通过竣工验收之日开始计算

　　C. 某工程2022年6月11日完成建设工程验收备案,该工程缺陷责任期起算时间为2022年6月11日

　　D. 由于发包人的原因导致工程无法按规定期限进行竣工验收,在承包人提交验收报告60天后,工程自动进入缺陷责任期

13. 关于工程预付款支付的说法,正确的是(　　)。

　　A. 在具备施工的前提下,约定开工日期前15天内

　　B. 工程预付款的比例不宜低于合同价款(不含其他项目费)的30%

　　C. 签发支付证书后的7天内向承包人支付预付款

　　D. 在具备施工的前提下,双方签订合同后10天内

14. 招标发包的工程以投标截止日前(　　)的日期为基准日期。

　　A. 28天　　　　　　B. 14天　　　　　　C. 48天　　　　　　D. 60天

15. 下列暂停施工的情形中,不属于承包人应当承担责任的是(　　)。

　　A. 业主方提供设计图纸延误造成的工程施工暂停

　　B. 为保障钢结构构件进场,暂停进场线路上的结构施工

　　C. 未及时发放劳务工工资造成的工程施工暂停

　　D. 迎接地方安全检查造成的工程施工暂停

16. 甲承包人承建的乙发包人的一幢写字楼项目缺陷责任期满后,甲向乙提出了返还保证金的申请。则乙的下述行为可视同乙认可甲的返还保证金申请(　　)。

　　A. 在接到该申请后14日内不予答复,且经催告后7日内仍不予答复

　　B. 在接到该申请后14日内不予答复,且经催告后14日内仍不予答复

　　C. 在接到该申请后21日内不予答复

　　D. 在接到该申请后28日内不予答复

17. 承包人提交竣工付款申请单和最终结清申请单的时间条件分别是(　　)。

　　A. 工程接收证书颁发后、缺陷责任期终止证书签发后

　　B. 工程接收证书颁发后、履约证书签发后

    C. 工程竣工证书颁发后、履约证书签发后

    D. 工程竣工证书颁发后、缺陷责任期终止证书签发后

    18. 根据《建设工程施工合同(示范文本)》(GF-2017-0201)中的规定,除专用合同条款另有约定外,工程隐蔽部位经承包人自检确认具备覆盖条件的,承包人应在共同检查前( )小时书面通知监理人检查。

    A. 24   B. 48   C. 12   D. 72

二、多选题

    1. 根据《建设工程施工合同(示范文本)》(GF-2017-0201)通用条款中的规定,除专用条款另有约定外,发包人的责任与义务有( )。

    A. 按照承包人实际需要的数量免费提供图纸

    B. 对施工现场发掘的文物古迹采取妥善保护措施

    C. 负责完善无法满足施工需求的场外交通设施

    D. 最迟于开工日期7天前向承包人移交施工现场

    E. 无条件向承包人提供银行保函形式的支付担保

    2. 根据《建设工程施工合同(示范文本)》(GF-2017-0201)通用条款中的规定,关于工程施工交通运输的说法,正确的有( )。

    A. 承包人未合理预见进出施工现场路径所增加的费用由发包人承担

    B. 发包人负责取得出入施工现场所需的批准手续和全部权利

    C. 因承包人原因造成的场内基本交通设施损坏的,由发包人承担修复费用

    D. 场外交通设施无法满足工程施工需要的,由发包人负责完善

    E. 运输超重件所需的道路临时加固费用由承包人承担

    3. 建设工程施工合同中,承包人的主要义务有( )。

    A. 自行完成建设工程主体结构施工

    B. 及时验收隐蔽工程

    C. 提供必要的施工条件

    D. 交付竣工验收合格的建设工程

    E. 无偿修理质量不合格的建设工程

    4. 下列关于单价合同的说法,正确的有( )。

    A. 固定单价合同条件适用于工期较短、工程量变化幅度不会太大的项目

    B. 单价合同允许随工程量变化而调整工程总价,业主和承包商都不存在工程量方面的风险

    C. 单价合同招标前无须对工程范围做出完整、详细的规定,可以缩短招标准备时间

    D. 单价合同下,由承包人提交已完成的工程量,业主协调工作量较小

    E. 变动单价合同下,承包商的价格风险相对固定单价合同较小

    5. 根据《建设工程施工合同(示范文本)》(GF-2017-0201)通用条款中的规定,关于施工项目经理的说法,正确的有( )。

    A. 项目经理经承包人授权后代表承包人负责履行合同

    B. 项目经理每月在施工现场时间可根据现场情况自行决定

C. 承包人应向发包人提交与项目经理的劳动合同以及为其缴纳社会保险的有效证明

D. 发包人书面通知承包人更换其认为不称职的项目经理后,承包人必须更换

E. 一个注册建造师可同时担任数个项目的项目经理

6. 关于《建设工程施工合同(示范文本)》组成部分的说法,正确的有(　　　)。

A. 合同协议书　　　　B. 通用合同条款　　　C. 专用合同条款

D. 保修书　　　　　　E. 四方验收单

7. 关于单价合同的说法,正确的有(　　　)。

A. 业主需安排专门力量核实已完工程量,协调工作量大

B. 实际投资易超过计划投资,对发包人投资控制不利

C. 对于工期较短、工程量变化幅度小的项目可采用固定单价合同

D. 固定单价合同下,任何影响价格的因素变化都不会对承包商产生风险

E. 单价合同允许随工程量变化调整总价,承包商不存在量的风险

8. 关于建设工程保险的说法,正确的有(　　　)。

A. 工程开工前,承包商应为建设工程办理保险,支付保险费用

B. 建筑工程一切险的被保险人可以是业主,也可以是承包商或者分包商

C. 工程开工前,业主应为施工现场从事危险作业的施工人员办理意外伤害保险

D. 建筑工程一切险的保险期限可以超过保险单明细表中列明的保险生效日和终止日 15 天

E. 安装工程一切险的保险期内,一般应包括一个试车考核期

三、简答题

1. 《建设工程施工合同(示范文本)》内容由哪几部分组成?

2. 隐蔽工程的检查程序是什么?

3. 进度付款申请单主要包括哪些内容?

4. 固定总价合同适用于哪些情况?

5. 不可抗力的范围包括哪些?

四、案例分析题

1. 某企业(甲方)拟投资兴建一栋办公楼,建筑面积 4000 ㎡,结构形式为现浇钢筋混凝土框架结构。招标前已经出齐全部施工图纸,某施工单位(乙方)根据招标文件编制了投标文件,经过投标竞争获得中标。中标后甲、乙双方签订了工程施工承包合同。

合同规定如下。

(1) 合同总价为 800 万元。

(2) 本工程要求工期为 160 天。由于承包方的原因每拖延一天交工,发包方按结算价的万分之二计算违约金,并承担由于拖延竣工给发包方带来的损失,违约金累计不超过结算价的 3%。由于非承包原因造成工期的拖延,发包方给予工期的补偿。

(3) 合同总价包括了完成规定项目所需的工料机费用、临时设施费、现场管理费、企业管理费、利润、税金和风险费用。乙方在报价中考虑了市场风险因素,无论实际施工情况如何,合同总价不做调整。

(4) 工程款按月结算。

(5) 合同价款调整方法如下。

① 设计变更和工程洽商:由承包人在接到变更洽商通知后 14 天内,按甲乙双方约定的计价办法,提出变更预算书经发包人确认后进行调整。14 天内没有提出的,由承包人承担有关费用。

② 施工过程中因不可抗力造成的损失或政策性变化影响造价,由承包人提出经发包人确认后进行调整。

双方签订合同后,施工单位按合同约定时间于 2018 年 6 月 1 日开工,项目实施过程中发生以下事件。

事件一:施工单位为加快施工进度,未经设计同意,将原设计的部分灰土垫层改为 C15 素混凝土,增加费用 3000 元。

事件二:施工期间因特大台风迫使工程停工 5 天,并造成施工现场存放的工程材料损失 1.2 万元;同时造成施工单位的施工机械损坏,修复费用 4000 元。

事件三:施工期间钢材价格上涨,因此导致施工单位材料费用增加 5 万元。

事件四:甲方提出改变部分隔断的装饰材料,施工单位于 8 月 10 日收到工程变更洽商通知,按工程变更洽商进行了施工。竣工验收后进行结算时,施工单位提出由于此项变更增加了施工费用 5000 元,要求甲方给予补偿。

问题:(1)该工程合同属于何种形式的合同?该工程采用这种合同形式是否合适?为什么?

(2)该工程施工过程中所发生的以上事件,是否可以进行相应合同价款的调整?

2. 某建设项目结构工程完成后,在装修施工图纸设计没有完成前,业主通过招标选择了一家装修总承包单位承包该工程的装修任务,由于设计工作尚未完成,承包范围内待实施的工程虽性质明确,但工程量难以确定,双方商定拟采用总价合同形式签订施工合同,以减少双方的风险。施工合同签订前,业主委托本工程监理单位协助审核施工合同。监理工程师在审核业主(甲方)与施工单位(乙方)草拟的施工合同条件,发现合同中有以下一些条款:

(1)施工合同的解释顺序为:合同协议书、投标书及其附件、中标通知书、合同通用条款、合同专用条款、标准规范、工程量清单、图纸。

(2)乙方按工程师批准的施工组织设计(或施工方案)组织施工,乙方不应承担因此引起的工期延误和费用增加的责任。

(3)乙方不得将工程转包,但允许分包,也允许分包单位将分包的工程再次分包给其他分包施工单位。

(4)工程师的检查检验不应影响施工正常进行,如影响施工正常进行,检查检验不合格时,影响正常施工的费用由承包人承担,工期不予顺延;除此之外影响正常施工的追加合同价款由发包人承担,相应顺延工期。

(5)乙方应按协议条款约定的时间,向工程师提交实际完成工程量的报告,工程师接到报告后 7 天内按乙方提供的实际完成的工程量报告核实工程量(计量),并在计量前 24 小时通知乙方。

(6)乙方努力使工期提前的,按提前产生利润的一定比例提成。

问题:(1)业主与施工单位选择的总价合同形式是否恰当?为什么?

(2)指出所提供的合同条款的不妥之处,应如何改正?

项目 7 工程变更与索赔管理

项目学习导图

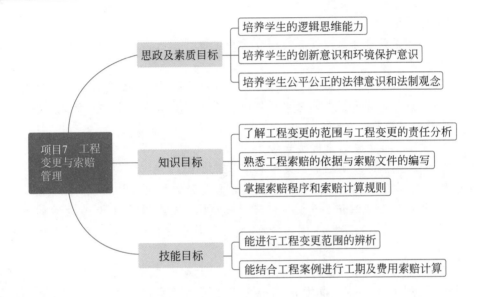

项目7 工程变更与索赔管理

- 思政及素质目标
  - 培养学生的逻辑思维能力
  - 培养学生的创新意识和环境保护意识
  - 培养学生公平公正的法律意识和法制观念
- 知识目标
  - 了解工程变更的范围与工程变更的责任分析
  - 熟悉工程索赔的依据与索赔文件的编写
  - 掌握索赔程序和索赔计算规则
- 技能目标
  - 能进行工程变更范围的辨析
  - 能结合工程案例进行工期及费用索赔计算

工程项目引例

一个不成功的国际工程承包施工索赔案例

【项目背景】

　　A 公司拟在上海地区新建一座智能化办公楼,供集团办公使用,建筑总面积达 150 000m²,通过严格的招标程序,在激烈的竞争当中,A 公司选择了 B 公司作为项目的中标方。A 公司和 B 公司进行了合同的签订,项目的开工日期是 2017 年 7 月 1 日,竣工时间为 2020 年 7 月 1 日,工期为三年。双方在合同中就索赔问题进行了约定:如果发包人未能按照双方签订的合同提供设计图纸或者发包人的设计图纸不符合项目的建设规定,导致的费用增加由发包人承担。发包人未能按合同的约定支付预先规定的合同款,影响工程的进度,导致的费用增加由发包人承担。这是通过合同的相关条款约定对于因发包人的自身原因出现的问题进行的双方规定。工程合同约定:在工程开工 6 个月后,发包方需要向承包方提供工程大楼外围绿化图纸。并且发包方与承包方约定:外围绿化方案承包给第三方专业绿化工程公司,按照承包方的工程进度进行绿化工作,在开工后 8 个月进行工程建设,所需费用由承包方给予支付;绿化公司需配合好承包方。

按照合同约定,发包方应于 2018 年 1 月 1 日提供工程大楼外围绿化图纸设计方案,但是 2018 年 3 月前,图纸设计方案没能够及时提供,导致承包方的工程相关进度不能够进行,大楼的第一阶段施工周期进行了延长,绿化工程公司因为承包方的施工方案没有确定,绿化设计工程未在约定时间内进行。B 公司作为承包方和专业绿化公司进行了对于 A 公司发包人的工期费用索赔。

在 2017 年 6 月 1 日,承包方按进度对大楼底座地基进行夯实并按照技术设计要求开始地基项目的现场作业,周期为一个月,2017 年 7 月 1 日验收。由于地基设计项目的技术设备故障,导致承包商的地基建设周期受到影响,直到 2017 年 9 月 1 日才结束。承包方就这一事件对发包方 A 公司提出了工期与费用增加索赔。

此案例可分为三个事件。

事件一:发包人因自身原因没有能按合同约定设计图纸,导致的结果就是项目施工的进程受到影响。

在该事件中,由于 A 公司违约导致 B 公司产生了经济损失,故 A 公司不能向该承包方进行索赔,但是该项目的承包方 B 公司可以向 A 公司提出工期索赔和经济损失索赔,A 公司应当合理顺延工期并补偿经济。

事件二:由于工程大楼的进度延长停工,导致专业绿化公司原本计划的绿化施工项目设计和施工无法进行,导致了经济损失和施工工期延误。

在该事件中,由于 A 公司违约,没能够及时向承包方提供设计图纸,导致施工单位停工,以至于间接导致专业绿化公司受到经济损失和施工工期延误,所以专业绿化公司可以向 A 公司提出工期索赔以及经济损失索赔,A 公司应当在合理合规顺延工期时长并补偿相关损失。

事件三:由于地基设计项目的技术设备故障,导致承包方 B 公司地基项目拖延两个月,不能归结于承包方的原因。该事件中,承包方 B 公司可以据此向 A 公司提出相关工期索赔和费用增加损失,A 公司应该合理并且延长工期,补偿相关的经济损失。

【评析启示】

在这个案例中,A 公司没有按照合同的约定,在规定时间内按时交出工程图纸,导致项目施工的停工和延长,不但 B 公司与专业绿化公司受到了相关的经济损失和工程施工延期,也使得 A 公司自身的经济利益造成一定的损失,智能化大楼没能按照约定时间落成。

在关于工期索赔事件中,一方面,B 公司在第一时间内提取了相关的证据和资料,严格按照合同的文书约定,对于发包人进行了索赔的请求,能够从合同约定中维护了自身的合法利益,使得自己的损失降到了最低,发包人要对承包人进行赔偿,也能够向地基设计单位进行工期延长的索赔。

任务 7.1 工 程 变 更

7.1.1 工程变更的原因和范围

工程变更一般是指在工程建设过程中,由于施工条件变化、发包人要求的改变、图纸错误等原因,发生合同约定的材料质量和品种、工程基线、

微课:认识
工程变更

标高、施工工艺和方法等的变动,此时必须变更合同才能维护合同当事人之间的公平。在履行合同过程中,只有发包人(或通过监理人)才能发出变更指令,承包人只有向发包人和监理人的变更建议权。对于工程变更,需建立严格的管理程序和管理制度,遵循"先算账,后变更"的原则,按合同约定的变更程序进行。

1. 工程变更的原因

工程变更一般有以下原因。

(1) 业主的变更指令,如业主对工程提出新的要求、修改项目计划、削减预算等。

(2) 由于设计人员、工程师、承包人事先没有很好地理解业主的意图或设计的错误,导致图纸修改。

(3) 工程环境的变化,预定的工程条件不准确,要求实施方案或实施计划变更。

(4) 由于产生新技术和知识,有必要改变原设计、原实施方案或实施计划,或由于业主指令及业主责任的原因造成承包商施工方案的改变。

(5) 政府部门对工程新的要求,如国家计划变化、环境保护要求、城市规划变动等。

(6) 由于合同实施出现问题,必须调整合同目标或修改合同条款。

2. 工程变更的范围

对于施工合同,在标准施工合同通用条款中规定的变更范围包括以下方面。

(1) 取消合同中任何一项工作,但被取消的工作不能转由发包人或其他人实施。

(2) 改变合同中任何一项工作的质量或其他特性。

(3) 改变合同工程的基线、标高、位置或尺寸。

(4) 改变合同中任何一项工作的施工时间或改变已批准的施工工艺或顺序。

(5) 为完成工程需要追加的额外工作。

根据 FIDIC 施工合同条件,工程变更的范围包括以下方面。

(1) 改变合同中所包括的任何工作的数量。

(2) 改变任何工作的质量和性质。

(3) 改变工程任何部分的标高、基线、位置和尺寸。

(4) 删减任何工作,但要交他人实施的工作除外。

(5) 任何永久工程需要的任何附加工作、工程设备、材料或服务。

(6) 改动工程的施工顺序或时间安排。

发包人将被取消的合同中的工作转由发包人或其他人实施的,构成违约。承包人可向监理人发出通知,要求发包人采取有效措施纠正违约行为,发包人在监理人收到承包人通知后一定期限内仍不纠正违约行为的,应当赔偿承包人损失并承担由此引起的其他责任。发包人支付给承包人的损失赔偿金额应当包括被取消工程的合同价格中所包含的承包人管理费、利润以及相应的税金和规费。

在合同履行过程中,承包人根据自身的施工经验可以对发包人提供的图纸、技术要求及其他方面提出合理化建议。合理化建议以书面形式提交给监理人。合理化建议书的内容包括建议工作的详细说明、进度计划和效益及与其他工作的协调等,并附必要的设计文件。合理化建议采纳并构成变更的,监理人应按合同约定向承包人发出变更指示。承包人提出的合理化建议降低了合同价格、缩短工期或者提供工程经济效益的,发包人可按专用合同条款约定给予奖励。

在工程施工过程中,常常会出现增加的零星工作。发包人认为有必要时,由监理人通知承包人以计日工的方式实施变更的零星工作,其价款按列入已标价工程量清单中计日工计价子目及单价进行结算。

7.1.2 工程变更的程序

根据统计数据,工程变更是索赔的主要起因。由于工程变更对工程施工过程影响很大,会造成工期的拖延和费用的增加,容易引起双方的争执,所以需十分重视工程变更管理问题。

一般工程施工承包合同中均有关于工程变更的具体规定,工程变更一般按照如下程序进行。

1. 提出工程变更

根据工程实施的实际情况,业主方、设计方、施工方等单位都可以根据需要提出工程变更。

2. 批准工程变更

由承包人提出的工程变更,应该交予工程师审查并批准;由设计方提出的工程变更应该与业主协商或经业主审查并批准;由业主方提出的工程变更,涉及设计修改的应该与设计方协商,并通过工程师发出。工程师发出工程变更的权利,一般会在施工合同中明确约定,通常在发出变更通知前应征得业主批准。

3. 发出及执行工程变更指令

为了避免耽误工程,工程师和承包人就变更价格和工期补偿达成一致意见之前有必要先行发布变更指示,首先执行工程变更工作,然后就变更价格和工期补偿进行协商和确定。

工程变更指示的发出有两种形式:书面形式和口头形式。一般情况下要求使用书面形式发布变更指示,如果情况紧急而来不及发出书面指示,承包人应该根据合同规定要求工程师书面认可。

根据工程惯例,除非工程师明显超越合同权限,承包人应该无条件地执行工程变更的指示。即使工程变更价款没有确定,或者承包人对工程师答应给予付款的金额不满意,承包人也必须一边进行变更工作,一边根据合同寻求解决办法。

7.1.3 工程变更的估价与责任分析

1. 工程变更的估价

1)工程变更的估价程序

承包人应在收到变更指示或变更意向书后的 14 天内,向工程师提交变更报价书,详细开列变更工作的价格组成及其依据,并附必要的施工方

微课:应用规范标准进行暂估价的调整

法说明和有关图纸。变更工作如果影响工期,承包人应提出调整工期的具体细节。工程师

收到承包人变更报价书后的 14 天内,根据合同约定的估价原则,商定或确定变更价格。

2)工程变更的估价原则

除专用合同条款另有约定外,变更估价按照以下约定处理。

(1)已标价工程量清单或预算书有相同项目的,按照相同项目单价认定。

(2)已标价工程量清单或预算书中无相同项目,但有类似项目的,参照类似项目的单价认定。

(3)变更导致实际完成的变更工程量与已标价工程量清单或预算书中列明的该项目工程量的变化幅度超过 15% 的,或已标价工程量清单或预算书中无相同项目及类似项目单价的,按照合理的成本与利润构成的原则,由合同当事人商定或确定变更工作的单价。

2. 工程变更的责任分析

根据工程变更的具体情况,可以分析确定工程变更的责任和费用补偿。

(1)由于业主要求、政府部门要求、环境变化、不可抗力、原设计错误等导致的设计修改,应该由业主承担责任。由此所造成的施工方案的变更以及工期的延长和费用的增加应该向业主索赔。

(2)由于承包人的施工过程、施工方案出现错误、疏忽而导致设计的修改,应该由承包人承担责任。

(3)施工方案变更要经过工程师的批准,无论这种变更是否会对业主带来好处(如工期缩短、节约费用)。

由于承包人的施工过程、施工方案本身的缺陷而导致施工方案的变更,由此所引起的费用增加和工期延长应该由承包人承担责任。

业主向承包人授标前(或签订合同前),可以要求承包人对施工方案进行补充、修改或作出说明,以便符合业主的要求。在授标后(或签订合同后)业主为加快工期、提高质量等要求变更施工方案,由此引起的费用增加可以向业主索赔。

7.1.4　典型案例

微课:合同价款
调整及工程进
度款支付

【案例背景】

某建设单位欲在某市高新区投资建设一特种工艺集成电路芯片制造厂区,该项目作为该区重点开发项目,饱受关注,经过激烈的竞标工作后,该建设单位与某施工单位依据《建设工程施工合同(示范文本)》(GF - 2017 - 0201)签订了施工合同。在合同履行过程中,主体结构工程发生了多次设计变更,施工单位在编制竣工结算书中提出由于主体结构工程的设计变更增加的合同价款共计150 万元,但建设单位不同意该设计变更增加费。

在施工过程中,一号厂房由于用途发生变化,建设单位要求设计人编制一号厂房的设计交更文件,并授权监理人就设计变更引起的有关问题与施工单位进行协商。在协商变更单价过程中,授权人未能与施工单位达成一致意见,总监理工程师决定以双方提出的变更单价的均值作为最终的结算单价。

问题:本案例中建设单位不同意主体结构工程的设计变更增加费合理吗?

【案例解析】

按照《建设工程施工合同(示范文本)》(GF-2017-0201)的相关规定,承包人应在收到变更指示后14天内,向监理人提交变更估价申请。本例是在主体结构施工过程中发生的设计变更,但承包人(即施工单位)在竣工结算时提出报价,已超出合同约定的提出报价的时限,建设单位可按合同约定视为施工单位同意设计变更但不涉及合同价款调整,因此建设单位有权拒绝该施工单位增加合同价款的请求。特别需要注意的是,施工合同中各种时限,对于合同双方来说是一种合同管理要求。

7.1.5 典型训练

扫描下方二维码,完成典型训练。

任务 7.2 工 程 索 赔

7.2.1 工程索赔概述

1. 索赔的概念和特征

1) 索赔的概念

工程索赔是指在工程合同履行过程中,合同当事人一方因非自身责任,或对方不履行或未能正确履行合同而受到经济损失或权利损害时,通过一定的合法程序向对方提出经济或时间补偿要求的行为。

索赔一词具有较为广泛的含义,一般可以概括为以下3个方面。

(1) 一方违约使另一方蒙受损失,受损方向对方提出索赔损失的要求。

(2) 发生应由发包人承担责任的特殊风险或遇到不利自然条件等情况,使承包人蒙受较大损失而向发包人提出补偿损失的要求。

(3) 承包人本应当获得的正当利益,由于没能及时得到监理人的确认和发包人应给予的支付,而以正式函件向发包人索赔。

2) 索赔的特征

索赔的特征主要有以下几点。

(1) 索赔是双向的,承包人可以向发包人索赔,发包人也可以向承包人索赔。

(2) 索赔是一种正当的权利主张,要求给予工期、费用补偿。索赔同守约、合作并不矛盾、对立,是业主方、监理工程师和承包方之间的一项正常的、大量发生而且普遍存在的合同管理业务,是一种以法律和合同为依据、合情合理的行为。

（3）索赔具有补偿性，没有惩罚性，只有实际发生了经济损失或工期损害，一方才能向对方索赔。也就是说，索赔的前提是实际已经发生了额外的费用支出或工期损失。

（4）索赔要求己方没有过错，是因非自身原因导致的损失。

（5）索赔要求有明确依据，必须依据法律法规、合同文件及工程建设惯例等。

（6）索赔要求有切实有效的证据，并按一定程序提出。

（7）索赔是一种未经对方确认的单方行为，双方还未达成协议，要求最终双方通过协商谈判、调解甚至仲裁、诉讼获得解决，工程签证是双方协商一致的结果。

3）索赔与违约责任的区别

索赔与违约责任的区别主要有以下几点。

（1）索赔事件的发生，不一定在合同文件中有约定；而违约责任必须是合同所约定的。

（2）索赔事件的发生，既可以是一定行为造成的（包括作为和不作为），也可以是不可抗力事件引起的；而追究违约责任，必须要有合同不能履行或不能完全履行的违约事实的存在，发生不可抗力可以免除追究当事人的违约责任。

（3）索赔事件的发生，可以是合同当事人一方引起的，也可以是任何第三人行为引起的；而违约则是由当事人一方或双方的过错造成的。

（4）索赔具有补偿性，一定要有造成损失的结果才能提出索赔；而违约不一定要造成损失结果，因为违约（如违约金）具有惩罚性。

（5）索赔的损失结果与被索赔人的行为不一定存在法律上的因果关系，如因业主（发包人）指定分包人原因造成承包人损失的，承包人可以向业主索赔等；而违约行为与违约事实之间存在因果关系。

2. 反索赔的概念

反索赔就是反驳、反击或者防止对方提出的索赔，不让对方索赔成功或者全部成功。在工程实践过程中，当合同一方提出索赔要求，另一方可能会有以下 3 种选择：

（1）全部认可对方的索赔，包括索赔的数额；

（2）全部否定对方的索赔；

（3）部分否定对方的索赔。

针对一方的索赔要求，反索赔的一方应以事实为依据，以合同为准绳，反驳和拒绝对方的不合理要求或索赔要求中的不合理部分。

3. 索赔的起因和成立条件

1）索赔的起因

引起工程索赔的原因主要有以下几个方面。

（1）没有按照合同约定履行自己的义务。

发包人违约主要表现为没有为承包人提供合同约定的施工条件、未按照合同约定的期限和数额付款等。监理人未能按照合同约定完成工作，如未能及时发出图纸、指令等也被视为发包人违约。

承包人违约的情况主要是没有按照合同约定的质量、期限完成施工，或者由于不当行为给发包人造成其他损害。

（2）不可抗力或不利的物质条件。

不可抗力可分为自然事件和社会事件。自然事件主要是指工程施工过程中发生的不可避免且不能克服的自然灾害，包括地震、海啸、瘟疫、水灾等；社会事件则包括国家政策、法律、法令的变更，战争，罢工等。

不利的物质条件通常是指承包人在施工现场遇到的不可预见的自然物质条件、非自然的物质障碍和污染物，包括地下和水文条件。

（3）合同缺陷。

合同缺陷表现为合同文件规定不严谨甚至矛盾，合同中存在遗漏或错误。在这种情况下，工程师应当给予解释，如果这种解释将导致成本增加或工期延长，发包人应当给予补偿。

（4）合同变更。

合同变更表现为设计变更、施工方法变更、追加或者取消某些工作、合同规定的其他变更等。

（5）监理人指令。

监理人指令有时也会产生索赔，如监理人指令承包人加速施工、进行某项工作、更换某些材料、采取某些措施等，并且这种指令不是由于承包人原因造成的。

（6）其他第三方原因。

其他第三方原因常常表现为与工程有关的第三方问题而引起的对本工程的不利影响。

2）索赔的成立条件

以承包人索赔为例，索赔的成立，必须同时具备下列三个条件。

（1）与合同对照，事件已造成了承包人工程项目成本的额外支出，或直接工期损失。

（2）造成费用增加或工期损失的原因，按合同约定不属于承包人的行为责任或风险责任。

（3）承包人按合同规定的程序和时间提交索赔意向通知和索赔报告。

以上三个条件必须同时具备，缺一不可。

4. 索赔的分类

由于索赔贯穿于工程项目全过程，因此分类随标准、方法的不同而不同，主要有以下几种分类方法。

1）按索赔有关当事人分类

（1）承包人与发包人之间的索赔。

（2）总包人与分包人之间的索赔。

（3）发包人或承包人与供货人之间的索赔。

（4）发包人或承包人与保险人之间的索赔。

2）按索赔依据分类

（1）合同内索赔。合同内索赔是指索赔要求在工程项目的合同文件中有明确的文字依据，并可根据合同规定明确划分责任。这种以书面形式明确表示出合同内容的条款，称为"明示条款"。

（2）合同外索赔。合同外索赔，也称超越合同规定的索赔，是指索赔要求在工程项目的合同文件中没有专门的依据，但可从该合同文件的某些条款引申含义或有关法律法规中找到依据，推论出该索赔权，这种索赔要求同样有法律效力，有权得到相应的补偿。这种合同中没有载明,但依据法律和惯例可视为合同中已经写明的条款,称为"默示条款"。

(3)道义索赔。道义索赔,也称优惠索赔,是指索赔要求在合同内、合同外均找不到依据,但承包人认为自己有要求补偿的道义基础,而对其遭受的损失提出具有优惠性质的补偿要求。处理道义索赔的主动权在发包人手中,一般在发生以下情况时,发包人可能会同意并接受这种索赔:①若另找其他承包人,费用会更大;②为了树立自己的形象;③出于对承包人的同情和信任;④谋求与承包人的互相理解和更长久的合作。

3)按索赔目的分类

(1)工期索赔,即由于非承包人自身原因造成拖期的,承包人要求发包人延长工期,推迟原定的竣工日期,避免违约误期罚款等。

(2)费用索赔,即要求发包人补偿费用损失,调整合同价格,弥补经济损失。

4)按索赔事件的性质分类

(1)工程延期索赔。因发包人未按合同要求提供施工条件(如未及时交付设计图纸、施工现场、道路等),或发包人指令工程暂停或不可抗力事件等造成工期延长的,承包人可向发包人提出索赔;若因承包人责任导致工期延长的,发包人可向承包人索赔;由于非分包人责任导致工期延长的,分包人可向承包人索赔。

(2)工程变更索赔。因发包人或工程师指令增加或减少工程量或增加附加工程、修改设计、变更工程顺序等造成工期延长和费用增加的,承包人可向发包人提出索赔,分包人也可对此向承包人索赔。

(3)工程终止索赔。因发包人或承包人违约或不可抗力事件等造成工程非正常终止的,承包人和分包人蒙受损失而提出索赔;若因承包人或分包人责任导致工程非正常终止,或者合同无法继续履行的,发包人可对此提出索赔。

(4)工程加速索赔。因发包人或工程师指令承包人加快施工速度、缩短工期,造成承包人的人力、财力、物力的额外开支,承包人可提出索赔;若承包人指令分包人加快进度,分包人也可向承包人提出索赔。

(5)意外风险和不可预见因素索赔。在工程实施过程中,因人力不可抗拒的自然灾害、特殊风险,以及一个有经验的承包人通常不能合理预见的不利施工条件或外界障碍,如未遇见的地下水、地质断层、溶洞、地下障碍物等,导致承包人损失,这类风险通常应该由发包人承担,即承包人可以据此提出索赔。

(6)其他索赔。如因货币贬值、汇率变化、物价、工资上涨、政策法令变化等引起的索赔。

5)按索赔处理方式分类

(1)单项索赔就是采取一事一索赔的方式,即在每一件索赔事项发生后,报送索赔通知书,编报索赔报告,要求单项解决支付,不与其他的索赔事项混在一起。单项索赔是针对某一干扰事件提出的,在影响原合同正常运行的干扰事件发生时或发生后,由合同管理人员立即处理,并在合同规定的索赔有效期内向发包人或工程师提交索赔要求和报告。单项索赔通常原因单一、责任单一,分析起来相对容易,由于涉及的金额一般较小,双方容易达成协议,处理起来也比较简单。因此,合同双方应尽可能地用这种方式来处理索赔。

(2)综合索赔又称一揽子索赔,即对整个工程(或某项工程)中所发生的数起索赔事项,综合在一起进行索赔。一般在工程竣工前和工程移交前,承包人将工程实施过程中因各种原因未能及时解决的单项索赔集中起来进行综合考虑,提出一份综合索赔报告,由合同双方在工程交付前后进行最终谈判,以一揽子方案解决索赔问题。由于在一揽子索赔中许多干扰事件交织在一起,影响因素比较复杂而且相互交叉,责任分析和索赔值计算都很困难,索赔涉及的金额往往很大,双方均不愿或不容易作出让步,使索赔的谈判和处理都很困难。因此,综合索赔的成功率比单项索赔低得多。

5. 索赔的作用

工程索赔的作用主要表现在以下方面。

(1)索赔是合同和法律赋予正确履行合同者免受意外损失的权利,是当事人保护自己、避免损失、增加利润、提高效益的一种重要手段。

(2)索赔是落实和调整合同双方经济责、权、利关系的手段,也是合同双方风险分担的又一次合理再分配。离开了索赔,合同责任就不能全面体现,合同双方的责、权、利关系就难以平衡。

(3)索赔是合同实施的保证。索赔是合同法律效力的具体体现,对合同双方形成约束条件。

(4)索赔对提高企业和工程项目管理水平起着重要的促进作用,承包人提不出或提不好索赔,与其自身管理松散混乱、计划实施不严、成本控制不力等有直接关系,因而索赔有助于促进双方加强内部管理、严格履行合同、维护市场正常秩序。

(5)索赔有助于政府转变职能,合同双方当事人依据合同和实际情况,实事求是地协商工程造价和工期,可以使政府从繁琐的调整概算和协调双方关系等微观管理工作中解脱出来。

(6)索赔有助于发包人、承包人双方更快地熟悉国际惯例,熟练掌握提出索赔和处理索赔的方法与技巧,有助于对外开放和对外工程承包的开展。

7.2.2　工程索赔管理

1. 索赔管理

要健康地开展索赔工作,必须全面认识索赔,完整理解索赔,端正索赔动机,规范索赔行为,合理地处理索赔事件。因此,发包人、工程师和承包人必须全面认识和理解索赔工作的特点。

1)索赔工作贯穿工程项目始终

合同当事人要做好索赔工作,必须从签订合同开始,直至合同履行完成。在履行合同的全过程中,认真采取预防保护措施,建立健全索赔业务的各项管理制度。

在工程项目的招标、投标和合同签订阶段,承包人应仔细研究工程所在国的法律、法规及合同条件,特别是关于合同范围、义务、付款、工程变更、违约及罚款、特殊风险、索赔时限和争议解决等条款,必须在合同中明确规定当事人各方的权利和义务,以便为将来可能的索赔提供合法的依据和基础。

在合同执行阶段,合同当事人应密切注视对方的合同履行情况,不断地寻求索赔机会;

同时其自身应严格履行合同义务,防止被对方索赔。

一些缺乏工程承包经验的承包人,由于对索赔工作的重要性认识不够,往往在工程开始时并不重视索赔,等到发现不能获得应得的偿付时才匆忙研究合同中的索赔条款,汇集所需要的数据和论证材料,但已经陷入被动。有时经过旷日持久的争执、交涉乃至诉诸法律程序,也难以索回应得的补偿或损失,影响自身的经济效益。

2) 索赔是工程技术和法律相融的综合学问和艺术

索赔问题涉及层面相当广泛,既要求索赔人员具备丰富的工程技术知识与实际施工经验,使索赔问题的提出具有科学性和合理性,符合工程实际情况;又要求索赔人员通晓法律与合同知识,使提出的索赔具有法律依据和事实证据;并且还要求在索赔文件的准备、编制和谈判等方面具有一定的艺术性,使索赔的最终解决表现出一定程度的伸缩性和灵活性。

3) 影响索赔成功的相关因素

索赔能否获得成功,除了上述各方面的条件外,还与企业的项目管理基础工作密切相关,主要有以下 4 个方面。

(1) 合同管理。

合同管理与索赔工作密不可分,有的学者认为索赔就是合同管理的一部分。从索赔角度看,合同管理可分为合同分析和合同日常管理两部分。合同分析的主要目的是为索赔提供法律依据。合同日常管理则是收集、整理施工中发生事件的一切记录,包括图纸、订货单、会谈纪要、来往信件、变更指令、气象图表、工程照片等,并加以科学归档和管理,形成一个能清晰描述和反映整个工程全过程的数据库,其目的是为索赔及时提供全面、正确、合法有效的各种证据。

(2) 进度管理。

工程进度管理不仅可以指导整个施工的进程和次序,而且可以通过计划工期与实际进度的比较、研究和分析,找出影响工期的各种因素,分清各方责任,及时地向对方提出延长工期的要求及相关费用的索赔,并为工期索赔值的计算提供依据和各种基础数据。

(3) 成本管理。

成本管理的主要内容有编制成本计划、控制和审核成本支出、进行计划成本与实际成本的动态分析比较等,它可以为费用索赔提供各种费用的计算数据和其他信息。

(4) 信息管理。

索赔文件的提出、准备和编制需要大量工程施工中的各种信息,要在索赔时限内高质量地准备好这些信息,离不开当事人平时的信息管理。应该采用计算机进行系统的信息管理。

2. 索赔事件分类

索赔事件,又称干扰事件,是指那些使实际情况与合同规定不符合,最终引起工期和费用变化的各类事件。根据合同双方关系,从提出索赔方进行分类,分为承包人可以提出的索赔事件与发包人可以提出的索赔事件。

微课:索赔是否
合理的判定

1) 承包人可以提出的索赔事件

(1) 发包人违反合同给承包人造成时间、费用的损失,包括发包人未按合同约定完成基本工作、未按合同规定时间支付预付款及工程款、不正当地终止工程等。

（2）发包人提出提前完成项目或缩短工期而造成承包人的费用增加。

（3）由于发包人承担的风险发生而造成承包人的费用增加。

（4）因工程变更（含设计变更、发包人提出的工程变更、监理工程师提出的工程变更，以及承包人提出并经监理工程师批准的变更）造成的时间、费用损失。

（5）由于监理工程师对合同文件的歧义解释、技术资料不确切，或由于不可抗力导致施工条件的改变，造成承包人时间、费用的增加。

（6）因合同缺陷（如合同文件规定不严谨甚至前后矛盾、合同规定过于笼统、合同中有遗漏或错误等）导致承包人时间、费用的增加。

（7）对于合同规定以外的项目进行检验，且检验合格，或非承包人的原因导致项目缺陷的修复所发生的损失或费用。

（8）非承包人的原因导致工程暂时停工，如受到其他承包人的干扰等。

（9）由于不利的自然条件及客观障碍（如地质条件变化、发现地下文物或古迹等），导致承包人时间、费用的增加。

（10）物价上涨，国家政策及法律法规变化，货币及汇率变化及其他。

2）发包人可以提出的索赔事件

（1）施工责任。包括承包人的施工质量不符合施工技术规程的要求，或者保修期未满以前未完成应该负责修补的工程等。

（2）工期延误。由于承包人的原因使竣工日期延后，影响到发包人对该工程的使用，给发包人带来经济损失时，发包人有权向承包人进行索赔，要求承包人支付延期竣工违约金。

（3）承包人超额利润。如果工程量增加很多（超过有效合同价的 15%），使承包人的预期收入增大而固定成本并不增加，或者由于法规变化导致承包人在工程实施中降低了成本而产生超额利润，合同价应由双方讨论调整，发包人有权收回部分超额利润。

（4）指定分包商的付款。承包人未能提供已向指定分包商付款的合理证明时，发包人可以直接按照工程师的证明书，将承包人未付给指定分包商的所有款项（扣除保留金）付给该分包商，并从应付承包人的款项中扣回。

（5）承包人不履行的保险费用。承包人未按合同条款指定的项目投保，并保证保险有效，发包人可以投保并保证保险有效，发包人支付的保险费可在应付给承包人的款项中扣回。

（6）发包人合理终止合同或承包人不正当地放弃工程，发包人有权从承包人手中收回工程，由新的承包人完成工程所需的工程款与原合同未付部分的差额。

（7）其他。由于工伤事故给发包方人员和第三方人员造成的人身或财产损失的索赔，以及承包人运送建筑材料及施工机械设备时损坏了公路、桥梁或隧洞，交通管理部门提出的索赔等。

3. 索赔的依据

索赔的依据主要包括以下 3 个方面。

（1）合同文件。合同文件是索赔最主要的依据，合同履行中，双方签署的洽商、变更等书面协议或文件也应视为合同文件的组成部分。

（2）法律、法规。包括建设工程合同文件适用国家的法律和行政法规，以及双方在专用条款内约定适用国家标准、规范的名称。

（3）工程建设惯例。针对具体的索赔要求（工期或费用），索赔的具体依据也不相同，例如，有关工期的索赔就要依据有关的进度计划、变更指令等。

4. 索赔证据

1）索赔证据的含义

索赔证据是当事人用来支持其索赔成立或和索赔有关的证明文件和资料。索赔证据作为索赔文件的组成部分，在很大程度上关系到索赔的成功与否。工程项目的实施过程中，会产生大量的工程信息和资料，这些信息和资料是开展索赔的重要依据。因此，在施工过程中应自始至终做好资料积累工作，建立完善的资料记录和科学管理制度，认真系统地积累和管理合同、质量、进度以及财务收支等方面的资料。

2）索赔证据的基本要求

（1）真实性。索赔证据必须是在实施合同过程中确实存在和实际发生的，是施工过程中产生的真实资料，能经得住推敲。

（2）及时性。索赔证据的取得及提出应当及时。这种及时性反映了承包人的态度和管理水平。

（3）全面性。所提供的证据应能说明事件的全部内容。索赔报告中涉及的索赔理由、事件过程、影响、索赔值等都应有相应证据，不能零乱和支离破碎。

（4）关联性。索赔的证据应当与索赔事件有必然联系，并能够互相说明，符合逻辑，不能互相矛盾。

（5）有效性。索赔证据必须具有法律证明效力。一般要求证据必须是书面文件，有关记录、协议、纪要必须是双方签署的。工程中重大事件、特殊情况的记录、统计必须由工程师签字认可。

3）常见的工程索赔证据

常见的工程索赔证据有以下多种类型。

（1）各种合同文件，包括施工合同协议书及其附件、中标通知书、投标书、标准和技术规范、图纸、工程量清单、工程报价单或者预算书、有关技术资料和要求、施工过程中的补充协议等。

（2）工程各种往来函件、通知、答复等。

（3）各种会谈纪要。

（4）经过发包人或者工程师批准的承包人的施工进度计划、施工方案、施工组织设计和现场实施情况记录。

（5）工程各项会议纪要。

（6）气象报告和资料，如有关温度、风力、雨雪的资料。

（7）施工现场记录，包括有关设计交底、设计变更、施工变更指令，工程材料和机械设备的采购、验收与使用等方面的凭证及材料供应清单、合格证书，工程现场水、电、道路等开通、封闭的记录，停水、停电等各种干扰事件的时间和影响记录等。

（8）工程有关照片和录像等。

（9）施工日记、备忘录等。

（10）发包人或者工程师签字确认的签证。

（11）发包人或者工程师发布的各种书面指令和确认书，以及承包人的要求、请求、通知书等。

（12）工程中的各种检查验收报告和各种技术鉴定报告。

（13）工地的交接记录（应注明交接日期，场地平整情况，水、电、路情况等），图纸和各种资料交接记录。

（14）建筑材料和设备的采购、订货、运输、进场、使用方面的记录、凭证和报表等。

（15）市场行情资料，包括市场价格、官方的物价指数、工资指数、中央银行的外汇比率等公布材料。

（16）投标前发包人提供的参考资料和现场资料。

（17）工程结算资料、财务报告、财务凭证等。

（18）各种会计核算资料。

（19）国家法律、法令、政策文件。

5. 索赔文件

索赔文件，又称索赔报告，是合同一方向对方提出索赔的书面文件。索赔文件全面反映了一方当事人对一个或若干个索赔事件的所有要求和主张，对方当事人也是通过对索赔文件的审核、分析和评价来做认可、要求修改、反驳甚至拒绝的回答。索赔文件是双方进行索赔谈判或调解、仲裁、诉讼的依据。因此，索赔文件的表达与内容对索赔的解决有重大影响，索赔方必须认真编写索赔文件。

在合同履行过程中，一旦出现索赔事件，承包人应该按照索赔文件的构成内容，及时地向业主提交索赔文件。索赔文件的内容一般包括四个方面。

（1）总述部分。总述部分的阐述要求简明扼要，说明问题，一般包括：序言、索赔事项概述、承包人为该索赔事项付出的努力和附加开支、具体索赔要求等。

（2）论证部分。论证部分主要是说明自己具有索赔权利，这是索赔能否成立的关键。该部分的内容主要来自该工程的合同文件，并参照有关法律规定。

（3）索赔费用和（或）工期计算部分。索赔计算的目的，是以具体的计算方法和计算过程，说明自己应得的经济补偿的款项或延长的工期。

（4）证据部分。索赔证据包括该索赔事件所涉及的一切证据材料，以及对这些证据的说明。要注意引用的每个证据的效力或可信程度，对重要的证据资料最好附以文字说明，或附以确认件。

6. 索赔程序

索赔程序是指从索赔事件产生到最终处理全过程所包括的工作内容和工作步骤。工程施工中承包人向发包人索赔、发包人向承包人索赔以及分包人向承包人索赔的情况都有可能发生，承包人向发包人索赔的一般程序如下。

1）索赔意向通知

索赔意向的提出是索赔程序中的第一步，其关键是要抓住索赔机会，及时提出索赔意向，即在合同规定时间内将索赔意向用书面形式及时通知发包人或者工程师，向对方表明索赔愿望、要求或者声明保留索赔权利。

《建设工程施工合同(示范文本)》(GF-2017-0201)中规定,承包人应在知道或应当知道索赔事件发生后28天内,向监理人递交索赔意向通知书,并说明发生索赔事件的事由;承包人未在前述28天内发出索赔意向通知书的,丧失要求追加付款和(或)延长工期的权利。

索赔意向通知要简明扼要地说明索赔事由发生的时间、地点,简单事件情况描述和发展动态,索赔依据和理由,索赔事件的不利影响等。

2) 准备索赔资料

从提出索赔意向到提交索赔文件,是属于承包人索赔的内部处理阶段和索赔资料准备阶段。此阶段的主要工作有:

(1) 跟踪和调查干扰事件,掌握事件产生的详细经过和前因后果;

(2) 分析干扰事件产生的原因,划清各方责任,确定由谁承担,并分析这些干扰事件是否违反了合同规定,是否在合同规定的赔偿或补偿范围内,即确定索赔根据;

(3) 损失或损害调查分析与计算,确定工期索赔和费用索赔值;

(4) 收集证据,获得充分而有效的各种证据;

(5) 起草索赔文件。

3) 提交索赔文件

承包人必须在合同规定的索赔时限内向对方提交正式的书面索赔文件。《建设工程施工合同(示范文本)》(GF-2017-0201)中规定,承包人应在发出索赔意向通知书后28天内,向监理人正式递交索赔报告;索赔报告应详细说明索赔理由以及要求追加的付款金额和(或)延长的工期,并附必要的记录和证明材料。索赔事件具有持续影响的,承包人应按合理时间间隔继续递交延续索赔通知,说明持续影响的实际情况和记录,列出累计的追加付款金额和(或)工期延长天数。在索赔事件影响结束后28天内,承包人应向监理人递交最终索赔报告,说明最终要求索赔的追加付款金额和(或)延长的工期,并附必要的记录和证明材料。

4) 工程师审核索赔文件

在发包人与承包人之间的索赔事件发生、处理和解决过程中,工程师是个核心人物。对于承包人向发包人的索赔请求,索赔文件首先应该交由工程师审核。工程师根据发包人的委托或授权,对承包人索赔的审核工作主要分为判定索赔事件是否成立和核查承包人的索赔计算是否正确、合理两个方面,并可在业主授权的范围内作出自己独立的判断:初步确定补偿额度,或者要求补充证据,或者要求修改索赔报告等。对索赔的初步处理意见要提交发包人。

《建设工程施工合同(示范文本)》(GF-2017-0201)中规定,监理人应在收到索赔报告后14天内完成审查并报送发包人。监理人对索赔报告存在异议的,有权要求承包人提交全部原始记录副本。

5) 发包人审查索赔处理

对于工程师的初步处理意见,发包人需要进行审查和批准,然后工程师才可以签发有关证书。

当索赔数额超过工程师权限范围时,由发包人直接审查索赔报告,并与承包人谈判解决,工程师应参加发包人与承包人之间的谈判。工程师也可以作为索赔争议的调解人。对于数额较大的索赔,一般需要发包人、承包人和工程师三方反复协商才能作出最终处理决定。

《建设工程施工合同(示范文本)》(GF-2017-0201)规定,发包人应在监理人收到索赔报告或有关索赔的进一步证明材料后的 28 天内,由监理人向承包人出具经发包人签字确认的索赔处理结果。发包人逾期答复的,则视为认可承包人的索赔要求。

6)索赔的协商和最终处理

对于工程师的初步处理意见,发包人和承包人可能都不接受或者其中一方不接受,三方可就索赔的解决进行协商,其中可能包括复杂的谈判过程,经过多次协商才能达成一致。

如果承包人同意接受最终的处理决定,索赔事件的处理即告结束,索赔款项在当期进度款中进行支付。如果经过努力仍无法就索赔事宜达成一致,则发包人和承包人可根据合同约定选择采用仲裁或诉讼方式解决。

7. 反索赔的运用

1)反索赔的工作内容

反索赔的工作内容可以包括两个方面:一是防止对方提出索赔,二是反击或反驳对方的索赔要求。

要成功地防止对方提出索赔,应采取积极防御的策略。首先,自己严格履行合同规定的各项义务,防止自己违约,并通过加强合同管理,使对方找不到索赔的理由和根据,让自己处于不能被索赔的地位。其次,如果在工程实施过程中发生了干扰事件,则应立即着手研究和分析合同依据,搜集证据,为提出索赔和反索赔做好两手准备。

如果对方提出了索赔要求或索赔报告,则自己一方应采取各种措施来反击或反驳对方的索赔要求。常用的措施如下。

(1)抓对方的失误,直接向对方提出索赔,以对抗或平衡对方的索赔要求,以求在最终解决索赔时互相让步或者互不支付。

(2)针对对方的索赔报告,进行仔细、认真研究和分析,找出理由和证据,证明对方索赔要求或索赔报告不符合实际情况和合同规定,没有合同依据或事实证据,索赔值计算不合理或不准确等问题,反击对方的不合理索赔要求,推卸或减轻自己的责任,使自己不受或少受损失。

2)对索赔报告的反击或反驳要点

对对方索赔报告的反击或反驳,一般可以从以下几个方面进行。

(1)索赔要求或报告的时限性。审查对方是否在干扰事件发生后的索赔时限内及时提出索赔要求或报告。

(2)索赔事件的真实性。审查对方的索赔事件是否真实存在。

(3)干扰事件的原因、责任分析。如果干扰事件确实存在,则要通过对事件的调查分析,确定原因和责任。如果事件责任属于索赔者自己,则索赔不能成立,如果合同双方都有责任,则应按各自的责任大小分担损失。

（4）索赔理由分析。分析对方的索赔要求是否与合同条款或有关法规一致，所受损失是否属于非对方负责的原因造成。

（5）索赔证据分析。分析对方所提供的证据是否真实、有效、合法，是否能证明索赔要求成立。证据不足、不全、不当、没有法律证明效力或没有证据，索赔不能成立。

（6）索赔值审核。如果经过上述的各种分析、评价，仍不能从根本上否定对方的索赔要求，则必须对索赔报告中的索赔值进行认真细致地审核，审核的重点是索赔值的计算方法是否合情合理，各种取费是否合理适度，有无重复计算，计算结果是否准确等。

7.2.3　费用索赔计算

1. 索赔费用的组成

微课：费用索赔1

索赔费用的主要组成部分，同工程款的计价内容相似。我国现行规定参见《建筑安装工程费用项目组成》（建标〔2013〕44号）。我国的这种规定，同国际上通行的做法还不完全一致。从原则上说，承包人有索赔权利的工程成本增加，都是可以索赔的费用。但是，对于不同原因引起的索赔，承包人可索赔的具体费用内容是不完全一样的。哪些内容可索赔，要按照各项费用的特点、条件进行分析论证。可索赔的费用一般包括以下几个方面的内容。

（1）人工费。人工费包括施工人员的基本工资、工资性质的津贴、加班费、奖金以及法定的安全福利等费用。对于索赔费用中的人工费部分而言，人工费是指完成合同之外的额外工作所花费的人工费用；由于非承包人责任的工效降低所增加的人工费用；超过法定工作时间加班劳动；法定人工费增长以及非承包人责任工程延期导致的人员窝工费和工资上涨费等。

（2）材料费。材料费的索赔包括：由于索赔事项材料实际用量超过计划用量而增加的材料费；由于客观原因材料价格大幅度上涨；由于非承包人责任工程延期导致的材料价格上涨和超期储存费用。材料费中应包括运输费、仓储费以及合理的损耗费用。如果由于承包人管理不善，造成材料损坏失效，则不能列入索赔计价。承包人应该建立健全物资管理制度，记录建筑材料的进货日期和价格，建立领料耗用制度，以便索赔时能准确地分离出索赔事项所引起的材料额外耗用量。为了证明材料单价的上涨，承包人应提供可靠的订货单、采购单，或官方公布的材料价格调整指数。

（3）施工机械使用费。施工机械使用费的索赔包括：由于完成额外工作增加的机械使用费；由于非承包人责任工效降低增加的机械使用费；由于业主或监理工程师原因导致机械停工的窝工费。窝工费的计算，如为租赁设备，一般按实际租金和调进调出费的分摊计算；如为承包人自有设备，一般按台班折旧费计算，而不能按台班费计算，因台班费中包括设备使用费。

微课：费用索赔2

（4）现场管理费。索赔款中的现场管理费是指承包人完成额外工程、索赔事项工作以及工期延长期间的现场管理费，包括管理人员工资、办公、通信、交通费等。

（5）利息。在索赔款额的计算中，经常包括利息。利息的索赔通常发生于下列情况：

拖期付款的利息;错误扣款的利息。至于具体利率应是多少,在实践中可采用不同的标准,主要有以下几种规定:①按当时的银行贷款利率;②按当时的银行透支利率;③按合同双方协议的利率;④按中央银行贴现率加三个百分点。

(6)分包费。分包费用索赔指的是分包人的索赔费,一般也包括人工、材料、机械使用费的索赔。分包人的索赔应如数列入总承包人的索赔款总额以内。

(7)总部(企业)管理费。索赔款中的总部管理费主要指的是工程延期期间所增加的管理费。包括总部职工工资、办公大楼、办公用品、财务管理、通信设施以及总部领导人员赴工地检查指导工作等开支。这项索赔款的计算,目前没有统一的方法。

(8)利润。一般来说,由于工程范围的变更、文件有缺陷或技术性错误、业主未能提供现场等引起的索赔,承包人可以列入利润。但对于工程暂停的索赔,由于利润通常是包括在每项实施工程内容的价格之内的,而延长工期并未影响削减某些项目的实施,也未导致利润减少。所以,一般监理工程师很难同意在工程暂停的费用索赔中加进利润损失。索赔利润的款额计算通常是与原报价单中的利润百分率保持一致。

2. 索赔费用的计算

索赔费用的计算方法有:实际费用法、总费用法和修正的总费用法。

1)实际费用法

实际费用法是计算工程索赔时最常用的一种方法。这种方法的计算原则是以承包人为某项索赔工作所支付的实际开支为根据,向业主要求费用补偿。

用实际费用法计算时,在直接费的额外费用部分的基础上,再加上应得的间接费和利润,即是承包人应得的索赔金额。由于实际费用法所依据的是实际发生的成本记录或单据,所以,在施工过程中,系统而准确地积累记录资料是非常重要的。

2)总费用法

总费用法就是当发生多次索赔事件以后,重新计算该工程的实际总费用,实际总费用减去投标报价时的估算总费用,即为索赔金额,公式如下:

$$索赔金额 = 实际总费用 - 投标报价估算总费用 \qquad (7-1)$$

不少人对采用该方法计算索赔费用持批评态度,因为实际发生的总费用中可能包括承包人原因导致的费用增加,如施工组织不善而增加的费用;同时投标报价估算的总费用也可能为了中标而过低。因此这种方法只有在难以采用实际费用法时才应用。

3)修正的总费用法

修正的总费用法是对总费用法的改进,即在总费用计算的原则上,去掉一些不合理的因素,使其更合理。修正的内容如下:①将计算索赔款的时段局限于受到外界影响的时间,而不是整个施工期;②只计算受影响时段内的某项工作所受影响的损失,而不是计算该时段内所有施工工作所受的损失;③与该项工作无关的费用不列入总费用中;④对投标报价费用重新进行核算:按受影响时段内该项工作的实际单价进行核算,乘以实际完成的该项工作的工程量,得出调整后的报价费用。

按修正后的总费用计算索赔金额的公式如下:

$$索赔金额 = 某项工作调整后的实际总费用 - 该项工作的报价费用 \qquad (7\text{-}2)$$

修正的总费用法与总费用法相比,有了实质性的改进,它的准确程度已接近于实际费用。

7.2.4　工期索赔计算

1. 工期延误

工期延误,又称工程延误或进度延误,是指工程实施过程中任何一项或多项工作的实际完成日期迟于计划规定的完成日期,从而可能导致整个合同工期的延长。工期延误对合同双方一般都会造成损失。工期延误的后果是形式上的时间损失,实质上会造成经济损失。

微课:工期索赔1

工期延误可根据延误的原因、索赔要求和结果、延误工作在工程网络计划的线路等因素进行分类。

1) 按照工期延误的原因划分

由于业主和工程师的原因所引起的工期延误,主要有以下几种情况:

(1) 业主未能及时交付合格的施工现场;

(2) 业主未能及时交付施工图纸;

(3) 业主或工程师未能及时审批图纸、施工方案、施工计划等;

(4) 业主未能及时支付预付款或工程款;

(5) 业主未能及时提供合同规定的材料或设备;

(6) 业主自行发包的工程未能及时完工或其他承包商违约导致的工期延误;

(7) 业主或工程师拖延关键线路上工序的验收时间导致下道工序施工延误;

(8) 业主或工程师发布暂停施工指令导致延误;

(9) 业主或工程师设计变更导致工程延误或工程量增加;

(10) 业主或工程师提供的数据错误导致的延误。

由于承包商原因引起的延误一般是因其管理不善所引起,比如计划不周密、组织不力、指挥不当等,通常表现为以下几种情况:

(1) 施工组织不当,出现窝工或停工待料等现象;

(2) 质量不符合合同要求而需要返工;

(3) 资源配置不足;

(4) 开工延误;

(5) 劳动生产率低;

(6) 分包商或供货商延误等。

此外,造成工期延误还有可能是由不可控制因素引起,例如人力不可抗拒的自然灾害导致的延误、特殊风险如战争或叛乱等造成的延误、不利的施工条件或外界障碍引起的延误等。

2) 按照索赔要求和结果划分

按照承包商可能得到的索赔结果划分,工程延误可以分为可索赔延误和不可索赔延误。

可索赔延误是指非承包商原因引起的工程延误,包括业主或工程师的原因和双方不可控制的因素引起的索赔。根据补偿的内容不同,可以进一步划分为三种情况:只可索赔工期的延误;只可索赔费用的延误;可索赔工期和费用的延误。

不可索赔延误是指因承包商原因引起的延误,承包商不应向业主提出索赔,而且应该采取措施赶工,否则应向业主支付误期损害赔偿。

3) 按延误工作在工程网络计划的线路划分

按照延误工作所在的工程网络计划的线路性质,工程延误划分为关键线路延误和非关键线路延误。由于关键线路上任何工作(或工序)的延误都会造成总工期的推迟,因此,非承包人原因造成关键线路延误都是可索赔延误。而非关键线路上的工作一般都存在机动时间,其延误是否会影响到总工期的推迟取决于其总时差的大小和延误时间的长短。如果延误时间少于该工作的总时差,业主一般不会给予工期顺延,但可能给予费用补偿;如果延误时间大于该工作的总时差,非关键线路的工作就会转化为关键工作,从而成为可索赔延误。

2. 工期索赔的依据和条件

工期索赔,一般是指承包商依据合同对由于非自身的原因而导致的工期延误向业主提出的工期顺延要求。

1) 工期索赔的具体依据

承包商向业主提出工期索赔的具体依据主要有:

(1) 合同约定或双方认可的施工总进度规划;

(2) 合同双方认可的详细进度计划;

(3) 合同双方认可的对工期的修改文件;

(4) 施工日志、气象资料;

(5) 业主或工程师的变更指令;

(6) 影响工期的干扰事件;

(7) 受干扰后的实际工程进度等;

2)《建设工程施工合同(示范文本)》(GF-2017-0201)中确定的可顺延工期的条件

《建设工程施工合同(示范文本)》(GF-2017-0201)第7.5.1条规定,在合同履行过程中,因下列情况导致工期延误和(或)费用增加的,由发包人承担由此延误的工期和(或)增加的费用,且发包人应支付承包人合理的利润:

(1) 发包人未能按合同约定提供图纸或所提供图纸不符合合同约定的;

(2) 发包人未能按合同约定提供施工现场、施工条件、基础资料、许可、批准等开工条件的;

(3) 发包人提供的测量基准点、基准线和水准点及其书面资料存在错误或疏漏的;

(4) 发包人未能在计划开工日期之日起7天内同意下达开工通知的;

(5) 发包人未能按合同约定日期支付工程预付款、进度款或竣工结算款的;

(6) 监理人未按合同约定发出指示、批准等文件的;

(7) 专用合同条款中约定的其他情形。

因发包人原因未按计划开工日期开工的,发包人应按实际开工日期顺延竣工日期,确保实际工期不低于合同约定的工期总日历天数。因发包人原因导致工期延误需要修订施工进度计划的,按照第7.2.2条"施工进度计划的修订"执行。

3. 工期索赔的分析和计算方法

1）工期索赔的分析

工期索赔的分析包括延误原因分析、延误责任的界定、网络计划分析、工期索赔的计算等。

微课：应用法律法规进行工期和费用索赔

运用网络计划方法分析延误事件是否发生在关键线路上，以决定延误是否可以索赔。在工期索赔中，一般只考虑对关键线路上的延误，或者非关键线路因延误而变为关键线路时才给予顺延工期。

2）工期索赔的计算方法

（1）直接法。

如果某干扰事件直接发生在关键线路上，造成总工期的延误，可以直接将该干扰事件的实际干扰时间（延误时间）作为工期索赔值。

微课：工期索赔2

（2）比例分析法。

如果某干扰事件仅仅影响某单项工程、单位工程或分部分项工程的工期，要分析其对总工期的影响，可以采用比例分析法。

采用比例分析法时，可以按工程量的比例进行分析或者按照造价的比例进行分析。例如，某工程基础施工中出现了意外情况，导致工程量由原来的 2800m³ 增加到 3500m³，原定工期是 40 天，则承包商可以提出的工期索赔值是：

$$工期索赔值 = \frac{原工期 \times 新增工程量}{原工程量} = \frac{40 \times (3500 - 2800)}{2800} = 10（天）$$

本例中，如果合同规定工程量增减 10% 为承包商应承担的风险，则工期索赔值应该是：

$$工期索赔值 = \frac{40 \times (3500 - 2800 \times 110\%)}{2800} = 6（天）$$

工期索赔值也可以按照造价的比例进行分析，例如：某工程合同价为 1200 万元，总工期为 24 个月，施工过程中业主增加额外工程 200 万元，则承包商提出的工期索赔值为：

$$工期索赔值 = 原合同工期 \times \frac{附加或新增工程造价}{原合同总价} = 24 \times \frac{200}{1200} = 4（月）$$

3）网络分析法

在实际工程中，影响工期的干扰事件可能会很多，每个干扰事件的影响程度可能都不一样，有的直接在关键线路上，有的不在关键线路上，多个干扰事件共同影响的结果究竟是多少，可能引起合同双方很大的争议。采用网络分析方法是比较科学合理的方法，其思路是：假设工程按照双方认可的工程网络计划确定的施工顺序和时间施工，当某个或某几个干扰事件发生后，使网络中的某个工作或某些工作受到影响，使其持续时间延长或开始时间推迟，从而影响总工期，则将这些工作受干扰后的新的持续时间和开始时间等代入网络中，重新进行网络分析和计算，得到的新工期与原工期之间的差值就是干扰事件对总工期的影响，也就是承包商可以提出的工期索赔值。

网络分析方法通过分析干扰事件发生前和发生后网络计划的计算工期之差,来计算工期索赔值,可以用于各种干扰事件和多种干扰事件共同作用所引起的工期索赔。

7.2.5 典型案例

微课:应用时标网络图进行工程索赔分析计算

【案例背景】

某施工单位与某建设单位签订施工合同,合同工期 38 天。合同中约定,工期每提前(或拖后)1 天奖(罚)5000 元,乙方得到工程师同意的施工网络计划如图 7-1 所示。

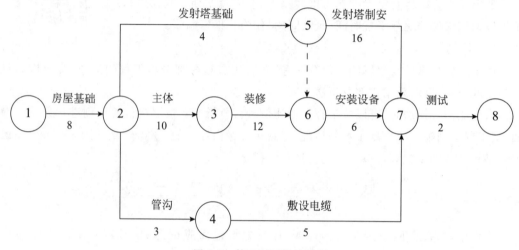

图 7-1 某工程网络计划图

实际施工中发生了如下事件。

事件 1:在房屋基槽开挖后,发现局部有软弱下卧层,按甲方代表指示,乙方配合地质复查,配合用工 10 工日。地质复查后,根据经甲方代表批准的地基处理方案增加工程费用 4 万元,因地基复查和处理使房屋基础施工延长 3 天,人工窝工 15 工日。

事件 2:在发射塔基础施工时,因发射塔坐落位置的设计尺寸不当,甲方代表要求修改设计,拆除已施工的基础、重新定位施工。由此造成工程费用增加 1.5 万元,发射塔基础施工延长 2 天。

事件 3:在房屋主体施工中,因施工机械故障,造成工人窝工 8 工日,房屋主体施工延长 2 天。

事件 4:在敷设电缆时,因乙方购买的电缆质量不合格,甲方代表令乙方重新购买合格电缆,由此造成敷设电缆施工延长 4 天,材料损失费 1.2 万元。

事件 5:鉴于该工程工期较紧,乙方在房屋装修过程中采取了加快施工技术措施,使房屋装修施工缩短 3 天,该项技术措施费为 0.9 万元。

其余各项工作持续时间和费用与原计划相符。假设工程所在地人工费标准 30 元/工日,应由甲方给予补偿的窝工人工补偿标准为 18 元/工日,间接费、利润等均不予补偿。

问题:(1)在上述事件中,乙方可以就哪些事件向甲方提出工期补偿和费用补偿?

（2）该工程实际工期为多少？乙方可否得到工期提前奖励？

（3）在该工程中，乙方可得到的合理费用补偿为多少？

【案例解析】

（1）各事件处理如下。

事件1：可以提出工期索赔和费用索赔。因为地质条件的变化属于有经验的承包商无法合理预见的，且该工作位于关键线路上。

事件2：可提出费用补偿要求，不能提出工期补偿。因为设计变更属于甲方应承担的责任，甲方应给予经济补偿，但该工序为非关键工序且延误时间2天未超过总时差8天，故没有工期补偿。

事件3：不能提出工期和费用补偿。施工机械故障属于施工方自身应承担的责任。

事件4：不能提出费用和工期补偿。乙方购买的电缆质量问题是乙方自己的责任。

事件5：不能提出费用和工期的补偿。因为双方在合同中约定采用奖励方法解决乙方加速施工的费用补偿，故赶工措施费由乙方自行承担。

（2）从网络图中可以看出原网络进度计划的关键线路为：①→②→③→⑥→⑦→⑧，则按原网络计划计算的合同工期为关键线路上各关键工作的持续时间之和，即 $8+10+12+6+2=38$（天）。

实际施工中，关键线路上的工作时间发生了以下变化。

事件1：因地基复查和处理使房屋基础施工延长3天。

事件3：因施工机械故障，造成房屋主体施工延长2天。

事件4：乙方在房屋装修过程中采取了加快施工技术措施，使房屋装修施工缩短3天。

由于以上3个事件都发生在关键线路上，对总工期均有影响，所以实际工期为：$38+3+2-3=40$（天）。

由于业主原因导致处于关键线路上的房屋基础工作延误3天，应在原合同工期38天的基础上补偿3天，即实际合同工期为：$38+3=41$（天）。而实际工期为40天，与合同工期相比提前了1天，按照合同约定，乙方可得到工期提前1天的奖励5000元。

（3）在该工程中，乙方可得到的合理补偿费用如下：

事件1：增加人工费为 $10×30=300$（元）；窝工费为 $15×18=270$（元）；增加工程费为40 000（元）

事件2：增加人工费为15 000（元）

合计补偿：$300+270+40\,000+15\,000+5000=60\,570$（元）

7.2.6 典型训练

扫描下方二维码，完成典型训练。

学习笔记

项目提升训练

一、单选题

1. 工程实施中承包人应在工程变更确定后的（　　）天内，提出变更估价申请，经工程师确认后调整合同价款。

　　A. 7　　　　　　　　B. 14　　　　　　　　C. 28　　　　　　　　D. 30

2. 关于工程变更权的说法，正确的是（　　）。

　　A. 只有发包人可以提出变更

　　B. 监理人发出变更指令之前无须经过发包人同意

　　C. 未经许可，承包人不得对工程任何部分进行变更

　　D. 承包人应在接受监理的口头变更指令后尽快执行变更

3. 下列有关工程变更的批准正确的是（　　）。

　　A. 承包商提出的工程变更，应该交予发包人审查并批准

　　B. 由设计方提出的工程变更应该与承包商协商

　　C. 由业主方提出的工程变更，涉及设计修改的应该与设计单位协商，并一般通过工程师发出

　　D. 工程师发出工程变更不需要经过业主批准

4. 由于分部分项工程量清单漏项或其他非承包人原因的工程变更，造成工程量清单出现新增项，对于新增项的综合单价的确定方法，下列各项中错误的是（　　）。

　　A. 合同中已有适用的综合单价，按合同中已有的综合单价确定

　　B. 合同中有类似的综合单价，参照类似综合单价

　　C. 合同中没有适用或类似的综合单价，由承包人提出综合单价，经监理单位确认后执行

　　D. 合同中没有适用或类似的综合单价，由承包人提出综合单价，经发包人确认后执行

5. 发包人在工程量清单中暂定的用于施工中可能发生的工程变更的费用是（　　）。

　　A. 材料费　　　　　B. 暂估价　　　　　C. 计日工　　　　　D. 暂列金额

6. 因修改设计导致现场停工而引起施工索赔时，承包商自有施工机械的索赔费用宜按机械（　　）计算。

　　A. 租赁费　　　　　B. 台班费　　　　　C. 折旧费　　　　　D. 大修理费

7. 在施工过程中遭遇不可抗力，承包人可以要求合理补偿（　　）。

　　A. 费用　　　　　　B. 利润　　　　　　C. 成本　　　　　　D. 工期

8. 下列选项中，承包人最有可能同时获得工期、费用和利润补偿的索赔事件是（　　）。

　　A. 基准日后法律的变化　　　　　　B. 发包人更换其提供的不合格材料

　　C. 发包人提前向承包人提供工程设备　　D. 发包人在工程竣工前占用工程

9. 某工程施工过程中发生下列事件：①因异常恶劣气候条件导致工程停工 2 天，人员窝工 20 个工日；②遇到不利地质条件导致工程停工 1 天，人员窝工 10 个工日，处理不利地

质条件用工 15 个工日。若人工工资为 200 元/工日,窝工补贴为 100 元/工日,不考虑其他因素。施工企业可向业主索赔的工期和费用分别是(   )。

    A. 3 天,6000 元   B. 1 天,3000 元

    C. 3 天,4000 元   D. 1 天,4000 元

10. 某房屋基坑开挖后,发现局部有软弱下卧层。甲方代表指示乙方配合进行地质复查,共用工 10 个工日。地质复查和处理费用为 4 万元,同时工期延长 3 天,人员窝工 15 工日。若用工按 100 元/工日、窝工按 50 元/工日计算,则乙方可就该事件索赔的费用是(   )元。

    A. 41 250   B. 41 750   C. 42 500   D. 45 250

11. 根据《建设工程施工合同(示范文本)》(GF－2017－0201)的规定,对施工合同变更的估价,已标价工程量清单中无使用项目的单价,监理工程师确定承包商提出的变更工作单价时,应按照(   )原则。

    A. 固定总价   B. 固定单价   C. 可调单价   D. 成本加利润

12. 根据《建设工程施工合同(示范文本)》(GF－2017－0201)的规定,关于因变更引起的价格调整的说法,正确的是(   )。

    A. 已标价工程量清单中有适用于变更工作的项目的,承包人可根据当前市场价格进行重新报价

    B. 已标价工程量清单中没有适用于变更工作或类似项目的,承包人可按照成本加利润的原则进行重新报价

    C. 已标价工程量清单中没有适用于变更工作,但有类似项目的,由承包人参照类似项目确定变更工作单价

    D. 已标价工程量清单中没有适用于变更工作,但有类似项目的,由发包人参照类似项目确定变更工作单价

13. 下列引起承包人索赔的事件中,只能获得工期补偿的是(   )。

    A. 发包人提前向承包人提供材料和工程设备

    B. 工程暂停后因发包人原因导致无法按时复工

    C. 因发包人原因导致工程试运行失败

    D. 异常恶劣的气候条件导致工期延误

14. 工程延误期间,因国家法律、行政法规发生变化引起工程造价变化的,则(   )。

    A. 承包人导致的工程延误,合同价款均应予调整

    B. 发包人导致的工程延误,合同价款均应予调整

    C. 不可抗力导致的工程延误,合同价款均应予调整

    D. 无论何种情况,合同价款均应予调整

15. 某施工项目在 6 月因异常恶劣的气候条件停工 3 天,停工费用 8 万元;之后因停工损失 3 万元,因施工质量不合格,返工费用 4 万元,施工承包商可索赔的费用为(   )万元。

    A. 15   B. 11   C. 7   D. 3

16. 工程变更引起分部分项工程项目发生变化,已标价工程量清单中有适用于变更工

程项目的,采用该项目的单价时,工程变更导致的该清单项目的工程数量变化的最高限额为(　　)。

　　A. 5%　　　　　　　　B. 10%　　　　　　　　C. 15%　　　　　　　D. 20%

17. 工程变更类合同价款调整事项中工程变更的范围不包括(　　)。

　　A. 工程量清单缺项

　　B. 变合同中任何工作的质量标准或其他特性

　　C. 改变工程的基线、标高、位置和尺寸

　　D. 改变工程的时间安排或实施顺序

18. 发包人应在监理人收到索赔报告或有关索赔的进一步证明材料后的(　　)天内,由监理人向承包人出具经发包人签认的索赔处理结果。

　　A. 28　　　　　　　　B. 14　　　　　　　　C. 7　　　　　　　　D. 48

二、多选题

1. 根据《建设工程施工合同(示范文本)》(GF-2017-0201)的规定,发生工程变更时,若预算书中已有适用于变更合同的价格,则采用合同中单价或价格的情况有(　　)。

　　A. 直接套用　　　　　　　　　　　　B. 参照其价格水平另行确定变更价格

　　C. 承发包双方重新协调变更价格　　　D. 换算后采用

　　E. 部分套用

2. 下列属于工程变更的情形有(　　)。

　　A. 改变合同中某项工作的质量　　　　B. 改变合同工程原定的位置

　　C. 改变合同中已批准的施工顺序　　　D. 为完成工程需要追加的额外工作

　　E. 取消某项工作改由建设单位自行完成

3. 下列关于确定工程变更价款的说法,正确的是(　　)。

　　A. 承包人应在工程变更确定后14天内,提出变更工程价款的报告

　　B. 监理工程师应在收到变更工程价款报告之日起14天内予以确认

　　C. 工程变更价款最终应由业主确认

　　D. 监理工程师不同意承包人提出的变更价款的,则承包人应予以接受

　　E. 工程变更价款最终应由承包人确认

4. 根据《建设工程工程量清单计价规范》(GB 50500—2013),因不可抗力事件导致的损害及其费用增加,应由发包人承担的是(　　)。

　　A. 工程本身的损害　　　　　　　　　B. 承包人的施工机械损坏

　　C. 发包方现场的人员伤亡　　　　　　D. 承包人的停工损失

　　E. 工程所需的修复费用

5. 因发包人原因与费程延期时,下列索赔事件能够成立的有(　　)。

　　A. 材料超期储存费用索赔　　　　　　B. 材料保管不善造成的损坏费用索赔

　　C. 现场管理费索赔　　　　　　　　　D. 保险费索赔

　　E. 保函手续费索赔

6. 下列索赔事件引起的费用索赔中,可以获得利润补偿的有(　　)。

　　A. 施工中发现文物　　　　　　　　　B. 延迟提供施工场地

C. 承包人提前竣工　　　　　　　　　D. 延迟提供图纸

E. 基准日后法律的变化

7. 承包人可能同时获得工期和费用补偿,但不能获得利润补偿的索赔事件有(　　)。

A. 发包人提供材料、工程设备不合格

B. 发包人负责的材料延迟提供

C. 迟延提供施工场地

D. 施工中发现文物

E. 施工中遇到不利物质条件

8. 某施工合同约定,现场主导施工机械一台,由承包人租得,台班单价为 200 元/台班,租赁费 100 元/天,人工工资为 50 元/日,窝工补贴 20 元/工日,以人工费和机械费为基数的综合费率为 30%。在施工过程中,发生了如下事件:①遇异常恶劣天气导致停工 2 天,人员窝工 30 工日,机械窝工 2 天;②发包人增加合同工作,用工 20 工日,使用机械 1 台班;③场外大范围停电致停工 1 天,人员窝工 20 工日,机械窝工 1 天。据此,下列选项正确的有(　　)。

A. 因异常恶劣天气停工可得的费用索赔额为 800 元

B. 因异常恶劣天气停工可得的费用索赔额为 1040 元

C. 因发包人增加合同工作,承包人可得的费用索赔额为 1560 元

D. 因停电所致停工,承包人可得的费用索赔额为 500 元

E. 承包人可得的总索赔费用为 2500 元

9. 下列情形承包商不能提出索赔的是(　　)。

A. 由于工程设计变更导致工期延误的

B. 发包人要求加速施工导致工程成本增加的

C. 因施工机械故障造成的经济损失

D. 监理人对覆盖工程重新检查,经检验证明工程质量不符合合同要求的

E. 特殊恶劣天气导致工期延误的

10. 下列关于变更程序的说法正确的是(　　)。

A. 发包人要求的变更,应事先以书面或口头形式通知承包人

B. 承包人接到发包人变更通知后,有义务在规定时间内向发包人提交书面建议报告

C. 承包人有义务接受发包人要求的变更,无须通过建议报告表达不支持的观点

D. 变更指示只能由监理人发出,监理人发出变更指示前应征得发包人同意

E. 承包人在提交变更建议报告后,在等待发包人回复的时间内,可停止相关工作

三、简答题

1. 简述工程变更的程序。

2. 简述索赔与违约责任的区别。

3. 费用索赔的计算方法有哪些?

4. 工程变更的原因有哪些?

5. 工期索赔的计算方法有哪些?

四、案例分析题

1. 某建筑公司(乙方)于某年 4 月 20 日与某厂(甲方)签订了修建建筑面积为 3000 ㎡ 工业厂房(带地下室)的施工合同。乙方编制的施工方案和进度计划已获监理工程师批准。 该工程的基坑开挖土方为 4500m³,假设直接费单价为 4.2 元/㎡,综合费率为直接费的 20%。该基坑施工方案规定:土方工程租赁一台斗容量为 1m² 的反铲挖掘机施工(租赁费 为 450 元/台班)。甲、乙双方合同约定 5 月 11 日开工,5 月 20 日完工。在实际施工中发生 了如下几项事件。

事件一:因租赁的挖掘机大修,晚开工 2 天,造成人员窝工 10 个工日。

事件二:施工过程中,因遇软土层,接到监理工程师 5 月 15 日停工的指令,进行地质复 查,配合用工 15 个工日。

事件三:5 月 19 日接到监理工程师于 5 月 20 日复工的指令,同时提出基坑开挖深度加 深 2m 的设计变更通知单,由此增加土方开挖量 900 ㎡。

事件四:5 月 20 日—5 月 22 日,因大雨迫使基坑开挖暂停,造成人员窝工 10 个工日。

事件五:5 月 23 日用 30 个工日修复冲坏的永久道路,5 月 24 日恢复挖掘工作,最终基 坑于 5 月 30 日挖坑完毕。

问题:(1)建筑公司对上述哪些事件可以向厂方要求索赔?哪些事件不可以要求索 赔?说明原因。

(2)每项事件工期索赔各是多少天?总计工期索赔是多少天?

(3)假设人工费单价为 23 元/工日,因增加用工所需的管理费为增加人工费的 30%, 则合理的费用索赔总额是多少?

2. 某发包人与承包人签订了施工合同,合同中约定:建筑材料由发包人提供,由于非 施工单位原因造成的停工,机械补偿费为 200 元/台班,人工补偿费为 50 元/工日;工期为 120 天;竣工时间提前奖励为 3000 元/天,误期损失赔偿费为 5000 元/天。经监理人批准的 合同进度计划如图 7-2 所示。该工程的实际工期为 122 天。施工过程中发生如下事件。

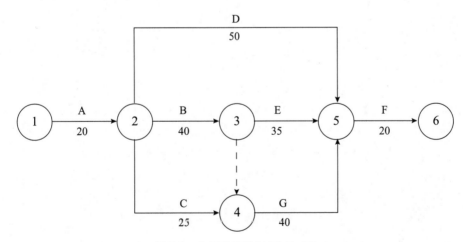

图 7-2 合同进度计划(单位:天)

事件一:由于发包人要求对 B 工作的施工图纸进行修改,致使 B 工作停工 3 天(每停

1 天影响 30 工日、10 台班)。

事件二:由于机械租赁单位调度的原因,施工机械未能按时进场,使 C 工作的施工暂停 5 天(每停 1 天影响 40 工日、10 台班)。

事件三:由于发包人负责供应的材料未能按计划到场,E 工作停工 6 天(每停 1 天影响 20 工日、5 台班)。

承包人就上述 3 种情况按正常的程序向监理人提出了延长工期和补偿停工损失的要求。

问题:(1)逐项说明案例中监理人是否应批准承包人提出的索赔,说明理由并给出审批结果(写出计算过程)。

(2)施工单位应该获得工期提前奖励,还是应该支付误期损失赔偿费? 金额是多少?

参考文献

[1] 杨锐,王兆,王颢.工程招投标与合同管理实务[M].北京:机械工业出版社,2013.

[2] 全国一级建造师执业资格考试用书编写委员会.建设工程项目管理全国一级建造师执业资格考试用书[M].北京:中国建筑工业出版社,2021.

[3] 全国一级建造师执业资格考试用书编写委员会.建设工程法规及相关知识全国一级建造师执业资格考试用书[M].北京:中国建筑工业出版社,2021.

[4] 沈中友.工程招投标与合同管理[M].北京:机械工业出版社,2017.

[5] 白如银.招标投标典型案例评析[M].北京:中国电力出版社,2017.

[6] 宋春岩.建设工程招投标与合同管理[M].北京:北京大学出版社,2019.

[7] 周艳冬.工程项目招投标与合同管理[M].北京:北京大学出版社,2017.

[8] 胡六星,陆婷.建设工程招投标与合同管理[M].北京:清华大学出版社,2019.

[9] 刘冬峰,颜彩飞,李虎.建设工程招投标与合同管理[M].南京:南京大学出版社,2018.

[10] 成虎,张尚,成于思.建设工程合同管理与索赔[M].南京:东南大学出版社,2020.

[11] 陈津生.建设工程总承包项目招标与投标操作实务[M].北京:化学工业出版社,2021.

[12] 肖玉锋.建设项目工程总承包管理实务与经典案例分析[M].北京:化学工业出版社,2021.